高职高专电子信息类课改系列教材

电子产品开发与制作

主　编　张卫丰

参　编　张艳辉

西安电子科技大学出版社

内 容 简 介

本书内容包括电子产品开发基础知识、实用电子小制作、综合电子产品开发实践、Multisim 10 简介四部分。

各部分具体内容为电子产品开发基本流程和电子产品开发步骤;直流稳压电源的设计与制作、智能充电器的制作、声控灯的制作;声光报警器、LED 发光控制器;Multisim 10 软件的用户界面、基本操作、元器件库、仿真仪器等内容。每个项目按照项目需求、项目评估、项目设计、项目组装与调试、项目归档、绩效考核等企业电子产品开发流程,展示了项目开发与制作过程,涵盖了电子产品开发所需的基本知识和基本技能,满足岗位能力需求。

本书可作为高职高专电子类、信息类专业"电子产品制作"类课程的教学用书,也可作为广大电子爱好者的阅读用书。

图书在版编目(CIP)数据

电子产品开发与制作 / 张卫丰主编. —西安:西安电子科技大学出版社,2020.4(2023.7 重印)

ISBN 978-7-5606-5461-4

Ⅰ. ①电⋯　Ⅱ. ①张⋯　Ⅲ. ①电子产品—产品开发　②电子产品—制作　Ⅳ. ①TN

中国版本图书馆 CIP 数据核字(2019)第 220107 号

策　　划　毛红兵
责任编辑　唐小玉
出版发行　西安电子科技大学出版社(西安市太白南路 2 号)
电　　话　(029)88202421　88201467　　　邮　　编　710071
网　　址　www.xduph.com　　　　电子邮箱　xdupfxb001@163.com
经　　销　新华书店
印刷单位　陕西天意印务有限责任公司
版　　次　2020 年 4 月第 1 版　　2023 年 7 月第 3 次印刷
开　　本　787 毫米×1092 毫米　1/16　印　张　11.5
字　　数　268 千字
印　　数　2001～3000 册
定　　价　32.00 元

ISBN 978-7-5606-5461-4 / TN

XDUP 5763001-3

如有印装问题可调换

前　言 --◆

　　21 世纪是电子技术的世纪，技术的创新进程十分迅速。随着电子技术的发展，各种实用电子制作或装置在日常生活中得到了越来越广泛的应用，如在节能环保、安全用电、自动控制、智能家居系统及新颖有趣的休闲娱乐等领域，各种实用电子小装置因设计精巧，创新改造迅速，有着巨大的潜在市场需求。为使广大学生或电子爱好者能够快速了解电子产品的最新技术，掌握电子产品的制作技术和技能，特编写此书。

　　本书是广东省高职教育教学改革研究与实践项目(GDJG2019394)"产学研引领下的校企共享型高职课程改革与实践"及深圳市教育科学规划课题(zdzz18002)"产学研引领下的校企共享型高职课程改革与实践"的阶段性研究成果。与传统电子产品制作类教材相比，本书基于企业实际电子产品开发流程，以实际实用电子小装置为项目载体，产教深度融合。课程实施中，本书借鉴企业绩效考核方法进行项目评价，使学生在学习知识中开发项目，在项目开发中学习知识，培养了学生良好的职业素养，提升了职业技能。

　　本书是高职高专"十三五"课改规划教材。全书分为四部分，绪论部分介绍了电子产品开发基本流程和电子产品开发步骤。第一章为实用电子小制作，包含直流稳压电源的设计与制作、智能充电器的制作、声控灯的制作三个实用电子小制作项目。第二章为综合电子产品开发实践，包含声光报警器、LED 发光控制器两个综合项目。这两章中的每个项目按照项目需求、项目评估、项目设计、项目组装与调试、项目归档、绩效考核等流程展示了项目开发与制作过程。第三章为 Multisim 10 简介，介绍了 Multisim 10 软件的用户界面、基本操作、元器件库、仿真仪器等内容。

　　限于电路图编辑软件，书中个别电路中的元器件符号不符合国标，请读者注意。

　　本书由张卫丰担任主编，其中绩效考核内容由中兴通讯有限公司高级工程师张艳辉女士编写，数字示波器使用素材由深圳鼎阳科技有限公司提供，综合电子产品开发实践项目素材借鉴了世界技能大赛样题资料，在此一并表示感谢。由于作者学识水平有限，书中难免有疏漏和不妥之处，期望广大读者批评指正。

编　者

2019 年 5 月

目　　录 ---◆

I

绪论　电子产品开发基础知识

　　电子产品开发是综合运用电路、模拟与数字电子技术、C语言、单片机原理与应用、PCB设计与制作、电子产品制造工艺等专业理论知识的过程。要实现一个电子产品的开发，首先必须明确产品(项目)需求，对项目需求进行具体分析和详细调研，根据项目需求选择可行方案，然后对方案中各单元进行电路设计、参数计算和器件选择，最后将各部分电路综合连接在一起。实际中，由于电子元器件参数离散、电路间有干扰、开发者经验欠缺等原因，理论上设计出来的电路可能与预期存在差异，这就要求通过仿真、实验、调试等手段来发现和纠正设计中存在的问题，使开发设计方案逐步完善，最终达到项目要求。

0.1　电子产品开发基本流程

不同电子企业的产品开发流程不尽一样，但大同小异，可归纳总结为图 0.1 所示的典型电子产品开发流程。电子产品开发的从业者可通过电子产品开发的基本过程，指导个人从全局角度理解和把握电子产品开发流程及组织模式，以团队协作方式共同完成电子产品的开发设计工作。

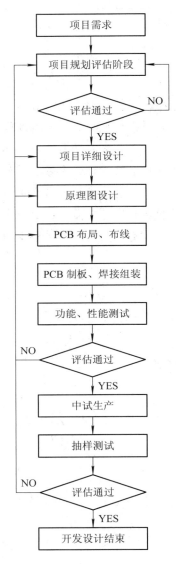

图 0.1　典型电子产品开发流程

0.2 电子产品开发步骤

0.2.1 项目需求

对于电子产品来说，需求的定义十分重要。这里的需求可为外部客户需求，也可为企业内部项目需求，通常称之为项目需求或设计需求。设计需求定义时一定要在深度上下功夫，细化到能够通过设计来实现，并且能落实到具体的物理模块来承载。根据 IPD(Integrated Product Development，集成产品开发)需求工程定义，产品需求通常需要从功能、环境、性能、强健性(鲁棒性)、可靠性、可维护性、可用性、安全性、重量、尺寸大小、可运输性、可移动性、灵活性等方面进行分解，分解后就形成了与此产品需求相对应的设计需求清单。

0.2.2 项目评估

不管是内部需求还是外部需求，当产品开发设计者拿到需求说明书后，一定要对需求进行科学的评估。这里的评估包括市场调研、成本分析、经济效益分析、设计可行性分析等。其实到了设计需求阶段，设计和需求已密不可分，也正是由于两者融合在一起，需求才能落实为设计，设计也才能承载需求。否则，没有通过严谨评估的需求，匆忙实施开发设计，研制出来的产品可能没有实用价值和经济效益。因此，开发设计前，必须通过科学评估，将不合理的项目需求进行纠正，合理的需求才能进入开发设计阶段。

0.2.3 项目详细设计

设计方案是根据项目要求和性能指标，结合企业实际，把要完成的总体功能分解成若干单元电路，并绘制出整体功能框图。在确定设计方案时，通过单元电路设计、元器件选型、电路仿真验证等步骤，对不同方案进行可行性分析和优缺点分析，结合企业实际设备及工艺条件，从多个可选方案中选择一个最优的方案。方案选择要符合产品需求，兼顾合理、可靠、经济、功能等指标。

1. 单元电路设计

确定总体方案后，要分解各单元电路功能，并对其进行设计。单元电路是构成整个系统的基础，只有把各单元电路设计好才能提高整体系统性能。

单元电路设计前，首先应根据各单元所要实现的功能，拟定出各单元电路的性能指标以及与其他单元电路的级联关系，选择电路的基本架构。具体设计时，为了保证项目的时效性和电路的稳定性，一般会采用经典的常用电路，或参考成熟的设计应用。当然，对于创新性项目或产品，一般要对电路进行全新设计。也可以在成熟电路的基础上进行改进和创新，以保证项目的原创性。

实际设计过程中，不仅要注意本单元电路的合理性，也要兼顾单元电路与系统以及单元电路之间的匹配性，注意各部分的输入信号、输出信号和控制信号的关系。

2. 元器件选型

一个电子产品系统由多个单元电路、组件、部件组成，而每一个单元电路、部件、组件均由元器件组成，因此，元器件是一个产品系统的基础。如果将一个系统比作金字塔的话，那么元器件则是这个金字塔的塔基。从可靠性角度出发，如果没有可靠的元器件，则没有可靠的产品系统。

由此看来，元器件的正确选用对于电子产品的成功开发至关重要。在确定主电路基本架构后，运用储备的电路理论知识，对各单元电路、部件、组件的有关元器件参数进行分析计算。例如开关电源电路，应根据电源产品所需功率、输入电压、输出电压、输出电流、效率和稳定性等性能指标，计算分析整流功率器件的工作电压和电流、开关主功率器件的工作电压和电流、各电阻的阻值和功率、各电容器的容量及工作电压等参数。

分析计算时，在正确理解电路原理的基础上，应将理论与实践相结合，正确应用理论公式的同时，大胆借鉴近似经验计算公式。对于计算的结果要善于分析，并进行必要的处理，然后确定元器件的有关参数。根据行业规范，元器件的工作电流、工作电压、功耗和频率等参数必须满足电路设计指标的要求；元器件的极限参数应留有足够的富裕量，如大型电子企业均会在计算理论值的基础上留 20%的裕量；电阻、电容的参数应取与计算值相近的标称值。

元器件的可靠性通常从两个方面来理解：一方面是元器件本身所固有的在设计和生产过程中所确定的质量、可靠性特性，即固有可靠性；另一方面是元器件在使用过程中实际所展现出来的可靠性，称之为使用可靠性。当前，国内外电子产品及设备所用元器件的使用可靠性问题比较突出。从失效分析数据可以看出，在损坏的元器件中，有约 80%是由于选用及使用不当造成的；而由于元器件选用及使用不当所造成的设备或产品系统故障占总故障数的一半以上。

实践证明，电子电路的各种故障往往以元器件的故障、损坏的形式表现出来。究其原因，并非都是元器件本身缺陷所造成的，而是由于元器件选用不当所致。因此，要多查资料，更多地了解系列元器件的分类、特性、选型指标、可靠性、应用注意事项等，包括电容、电阻、二极管、三极管、接插件、晶振、电控光学器件(光耦、LED)、AD/DA 及运放、电控机械动作器件、能量转换器件(开关电源、电源变换芯片、变压器)、数字 IC、保护器件(保险丝、磁环磁珠、压敏电阻、TVS 管)、电源模块等器件。

根据行业规范，元器件选型时应掌握以下基本原则。

(1) 普遍性原则：所选的元器件应为被广泛使用验证过的，尽量少使用冷门、偏门器件，减少开发风险。

(2) 高性价比原则：在功能、性能、使用率都相近的情况下，尽量选择价格比较低的元器件，降低成本。

(3) 采购方便原则：尽量选择容易买到、供货周期短的元器件。

(4) 持续发展原则：尽量选择在可预见的时间内不会停产的元器件。

(5) 可替代原则：尽量选择 pin to pin(引脚到引脚)兼容芯片品牌比较多的元器件。

(6) 向上兼容原则：尽量选择以前老产品用过的元器件。

(7) 资源节约原则：尽量用上元器件的全部功能和管脚。

3. 电路仿真验证

电路仿真，顾名思义就是对已设计好和器件已选型好的电路通过仿真软件进行实时模拟，抓取仿真波形，通过与理论设计的对比对其进行分析改进，从而实现电路的优化设计，是EDA(Electronic Design Automation，电子设计自动化)的一部分。因此，电路仿真验证在行业电子产品前期开发中占有重要地位。通过仿真验证，可以在开发初期预判电路设计的缺陷，实时进行优化改进，同时也可以免去初期实体功能样机搭接的繁琐过程，缩短了产品开发周期，降低了开发成本，提高了开发成功率。业界中，掌握一种仿真软件并能进行应用，已是各工程师必须掌握的基本技能。目前，常用的电路仿真软件很多，如 Multisim (原ewb)、OrCAD(PSPICE)、Proteus 等，各软件均有各自优势，在学习和工作中可根据实际选用其中一种，并能灵活应用，协助完成产品电路设计。

0.2.4　原理图设计

完成电路设计并仿真验证后，应将前期开发设计成果总结归档，即设计出产品的总电路原理图，以便为后续的 PCB(Printed Circuit Board，印制电路板)设计、电路的组装、调试和维护提供依据。

系统电路原理图设计要与行业标准接轨，以免设计后的原理图无法识读。因此，在电路原理图设计过程中应掌握一定的规则和技巧：

(1) 根据开发实际需要建立标准原理图库文件，库中元器件符号要与行业标准尽量统一；对每一开发用元件建立全面、唯一的对应信息，包含原理图符号、名称、规格、封装、PCB 3D 图形、库存量、厂家、物料编码、RoHS(Restriction of Harzardous Substances，关于限制在电子设备中使用某些有害成分的指令)、UL(Underwriter Laboratories Inc.，美国保险商试验所)认证、备注等内容。

(2) 根据开发需要，选择合适图幅，一般可选 A4，必要时可选 A2 和 A3 等；设计标准格式的图框，应包含文件名、版本号、设计者、审核者、日期等信息；选用图纸时，应能准确清晰地表达区域电路的完整功能。

(3) 原理图在设计时要注意电路结构的易读性，一般可将电路按照功能划分成几个部分，并按照信号流向将各部分合理布局，系统电路尽量画在同一张图上；对于复杂电路的设计，可采用多页设计原则，按照功能模块进行分页，但应把主电路图画在同一张图上，把一些相对独立或次要的功能部分画在另外的图上，并标注多页间的层次连接关系。

(4) 电路图的总体布局要合理，元器件和连线的排列必须均匀；连线画成水平线或竖线，在折弯处要画成直角；需注意避免线条的不必要交叉，以免难于辨识；所有不用的管脚要按照行业元器件设计要求，或者接地，或放置一个不连接的标识。

(5) 原理图中元器件图形符号的排列方向应与图样的底边平行或垂直，尽量避免斜线排列；图中的每个元器件应标明其文字符号和主要参数值，字符的放置尽可能靠近元件符号，并且注意不和周围字符交叠。

(6) 完成电路原理图的绘制后，必须进行编译查错，确保没有电气错误，并对软件中的警告加以确认，特别是二极管的方向、有极性电容器的极性和电源的极性等容易发生错误的地方更要认真检查。

0.2.5 PCB 设计

印制电路板的设计是以电路原理图为根据，实现电路设计者所需要的功能。印制电路板的设计主要指版图设计，需要考虑外部连接的布局、内部电子元件的优化布局、金属连线和通孔的优化布局、电磁兼容及热耗散等各种因素。优秀的版图设计可以节约生产成本，达到良好的电路性能和散热性能。简单电子制作的版图设计可以用手工实现，复杂的版图设计需要借助计算机辅助设计(Computer Aided Design，CAD)实现。不管是简单万能板上的手工 PCB 设计，还是采用 EDA 软件辅助设计的 PCB，都应实现 PCB 的可生产性、可测试性和可维护性。

1. PCB 设计准备

充分的前期准备工作将会大大提升 PCB 设计效率，提高产品开发的成功率。因此，在进行 PCB 布局及布线前，要做好以下的设计准备工作：

(1) 仔细审读电路原理图，理解电路工作条件，如电路工作频率、环境温度以及与布线要求相关的要素等，理解电路的基本功能、在系统中的作用等相关问题。

(2) 在与团队成员充分交流的基础上，确认板上的关键网络，如电源、时钟、高速总线等，了解其布线要求；理解板上的模拟敏感信号线和高速元器件及布线要求。

(3) 要清楚了解产品的结构布局，确定 PCB 板的形状、外形尺寸、安装孔的位置及大小尺寸等；考虑可能的相互影响，如上下层之间的干扰，若上层有高频元器件或是走线(如晶振、开关电源变压器)，下层有模拟敏感元器件或走线时，则需要至少一个板面进行屏蔽，

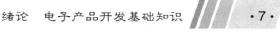

让它们正对的空间电磁场最小。

2. 元器件布局

要使产品电路获得最佳性能，PCB 板元器件的布局非常重要。根据电路的功能，不但要考虑电气性能上的合理性，还要综合考虑功能、结构、工艺、美观等因素。因此，电路全部元器件的布局要符合以下基本原则：

(1) 遵照"先大后小、先难后易"布置原则，即重要的单元电路、核心元器件应当优先布局，以每个功能电路的核心元器件为中心进行布局，充分利用电路板的使用面积，并尽量减少相互间的连线。

(2) 按照单板电路的主信号流向规律安排各个功能电路单元的位置，使布局便于信号流通，并使信号尽可能保持一致的方向。

(3) 布局应尽量满足以下要求：总的连线尽可能短，关键信号线最短；高电压、大电流信号与小电流、低电压的弱信号完全分开；模拟信号与数字信号分开；高频信号与低频信号分开；高频元器件的间隔要充分。

(4) 相同结构的电路部分要按照均匀分布、重心平衡、版面美观的标准，尽可能采用"对称式"优化布局。

(5) 元器件的安置要便于生产、调试、检验和更换。在安装同类型元器件时，原则上要在 X 或 Y 方向上朝一个方向放置，同一类型有极性的元器件也要力争在 X 或 Y 方向上保持一致；元器件的标志(如型号和参数)安装时一律向外，以便检查；不同级的元器件不要混在一起，输入级和输出级之间不能靠近，以免引起级与级之间的寄生耦合，使干扰和噪声增大，甚至产生寄生振荡。

(6) 发热元器件(如功率管、大电感等)的安置要尽可能均匀分布于电路板的边缘，以便于散热，必要时需加装散热器；为保证电路稳定工作，除温度检测元件以外的温度敏感器件要尽量远离发热量大的元器件；位于电路板边缘的元器件，离电路板边缘一般不小于 2 mm。

3. 合理布线

电子电路布线是否合理，不仅影响其外观，而且是影响电子电路性能的重要因素之一。因此布线时要注意以下几点：

(1) 为使布线整洁美观，并便于测量和检查，要尽可能选用不同颜色的导线。一般习惯正电源用红线，负电源用蓝线，地线用黑线，信号线用其他颜色的线。布线过程中要考虑信号间的干扰、隔离，信号线的长短，流过线路的电流大小等因素。另外，板内布线离板边要大于 0.5 mm。

(2) 布线的线宽和线间距要按实际电流大小和实际安全规范要求进行。在组装密度许可的情况下，尽量选用较低密度的布线设计，以提高可靠性，降低缺陷率。对于最小线宽，尽量按温升 10 度时，电流密度按 30 A/mm² 计算，但不能高于 70 A/mm²。线宽计算公式为

$W = I/(30*H)$，其中 I 为线上电流有效值，W 为线宽，H 为铜铂厚度。表 0.1 给出了常用线宽与电流大小的经验参考值。对于安全线间距要按照实际安全规范要求标准进行。

表 0.1　铜铂厚度、线宽和电流关系表

铜厚/35 μm		铜厚/50 μm		铜厚/70 μm	
电流/A	线宽/mm	电流/A	线宽/mm	电流/A	线宽/mm
4.5	2.5	5.1	2.5	6	2.5
4	2	4.3	2.5	5.1	2
3.2	1.5	3.5	1.5	4.2	1.5
2.7	1.2	3	1.2	3.6	1.2
2.3	1	2.6	1	3.2	1
2	0.8	2.4	0.8	2.8	0.8
1.6	0.6	1.9	0.6	2.3	0.6
1.35	0.5	1.7	0.5	2	0.5
1.1	0.4	1.35	0.4	1.7	0.4
0.8	0.3	1.1	0.3	1.3	0.3
0.55	0.2	0.7	0.2	0.9	0.2
0.2	0.15	0.5	0.15	0.7	0.15

(3) 布线时要遵循关键信号线优先原则，即电源、模拟小信号、高速信号、时钟信号和同步信号等关键信号优先布线。同时兼顾密度优先原则，即从单板上连接关系最复杂的元器件着手布线，从单板上连线最密集的区域开始布线；布线时要根据电路原理图或装配图，从输入级到输出级逐级布线，以避免出现错线和漏线。

(4) 尽量为时钟信号、高频信号、敏感信号等关键信号提供专门的布线层，并保证其回路面积最小；必要时采取手工优先布线、屏蔽和加大安全间距等方法，以保证信号质量。

(5) 所有布线应直线排列，并做到横平竖直，以减小分布参数对电路的影响；走线要尽可能短，信号线不可迂回，尽量不要形成闭合回路。

(6) 地线(公共端)是所有信号共同使用的通路，所以一般较长。为了减小信号通过公共阻抗的耦合，地线要求选用较粗的导线。对于高频信号，输出级与输入级间不允许共用一条地线；在多级放大电路中，各放大级的接地元器件应尽量采用一点接地的方式。各种高频和低频去耦电容器的接地端应尽量远离输入级的接地点。

0.2.6　电子产品 PCB 制板及组装

在电子产品开发过程中，PCB 制板一般均由 PCB 专业生产厂家进行。工程师将前期设

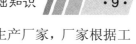

计好的 PCB 文件转化为 Gerber 文件和钻孔数据文件传给 PCB 专业生产厂家，厂家根据工程师提供的 Gerber 文件和钻孔数据对 PCB 进行制板。制板完成后，PCB 厂会对 PCB 进行出厂检查，合格后发给电子产品开发公司进行后续开发工作。

实践证明，一个理论设计十分合理的电子产品，如果电路组装不当，将会严重影响电路的性能，甚至使电路无法正常工作。因此，要充分重视电子产品的组装环节。组装要根据原理图进行，简单电子制作组装通常采用焊接和在面包板上插接的方法，而复杂电子产品组装需采用焊接和在 PCB 板上插接的方法，甚至采用自动化产线在 PCB 板上进行元器件布局及焊接。

对于工程师来说，开发前期的实验板，工程师均需采用手工焊接法来焊接组装电路板。此外，大批量自动机焊后若发现局部少数不良焊点，或对高温敏感的组件，仍将采用手焊工艺加以补救。因此，焊接组装电路板或插接面包板(手工制板)是电子产品开发的重要过程和手段，一定要掌握基本的要领和方法，认真仔细，并注意检查。

广义的手焊除了锡焊外，还有银焊与熔接等。早期美国海军对此种手工作业曾订有许多标准作业程序(Standard Operation Procedure，SOP)以及考试、认证、发照等严谨制度，其对实做手艺的尊重，丝毫不亚于对理论学术的崇尚。 因此，看似简单的手工操作，做好做精也需要费心琢磨，掌握其技巧要点：

(1) 以清洁无锈的铬铁头与焊丝同时接触待焊位置，使熔锡能迅速附着于填充面。之后需将烙铁头多余的锡珠锡碎等用水湿的海绵予以清除。

(2) 熔入适量的锡丝焊料并使均匀分散，且不宜太多。其中助焊剂可供提清洁与传热的双重作用。

(3) 烙铁头须连续接触焊位，以提供足够的热量，直到焊锡均匀散布为止。

(4) 完工后，移走焊枪时要小心，避免不当动作造成固化前焊点的扰动，对焊点的强度产生损伤。

(5) 当待加工的 PCB 为单面零件组装且待焊点面积又大又多时，可先将无零件的一面贴在某种热盘上进行预热，以加快作业速度，减少局部板面的过热伤害。此种预热也可采用特殊的小型热风机进行。

(6) 烙铁头是传热及运补锡料的工具，与待加工区域应具备最大的接触面积，以减少传热的时间耗损。此外，为强化输送焊锡原料的效率，烙铁头与待加工表面必须维持良好的焊锡性。一旦烙铁头出现氧化或过度污染时须加以更换，避免造成各种残渣的堆积。

(7) 小零件或细腿处的手焊作业，为了避免过热的伤害，可另外加设临时性散热配件，如金属鳄鱼夹等。

0.2.7　电子产品调试

焊接组装完后的 PCB 板，其性能应达到需求指标，需要通过后续反复测试、维修校正等程序。因此，调试是以达到产品设计指标为目的而进行的一系列测量—判断—调整—再测量的反复过程。实际的电子产品电路调试包括测试和调校两个方面。测试主要是对已经安装完成的电路板的各项技术指标和功能进行测量和试验，并同设计性能指标进行比较，以确定电路是否合格。调校是在测量的基础上对电路元器件的参数进行必要的修正，使电路的各项性能指标达到设计要求。

测试和调校是相互依赖、相互补充的，通常统称为调试。因为在实际工作中，二者是一项工作的两个方面，测试、调校、再测试、再调校，直到实现电路设计指标。测试是对焊接组装技术的总检查，组装质量越高，调试直通率越高，各种焊接组装缺陷和错误都会在调试中暴露出来；调试是对设计工作的检验，凡是设计工作中考虑不周或存在工艺缺陷的地方都可以通过调试发现，并提供改进和完善产品的依据。

调试方法通常采用先分调后联调(总调)的方式。任何复杂电路都是由一些基本单元电路组成的，因此，调试时可以循着信号的流程，逐级调整各单元电路，使其参数基本符合设计指标。这种调试方法的核心是把组成电路的各功能块(或基本单元电路)先调试好，并在此基础上逐步扩大调试范围，最后完成整机调试。采用先分调后联调的优点是能及时发现问题和解决问题。

1. 通电前准备

通电调试前要检查被调试电路板是否按电路设计要求正确安装连接，有无虚焊、脱焊、漏焊、短接等现象；检查元器件的好坏及其性能指标，检查被调试设备的功能选择开关、量程挡位和其他面板元器件是否安装在正确的位置，检查无误后方可按调试操作程序进行通电调试。

对被调试电路的准备具体包括以下几点：

1) 元器件检验

对照原理图或PCB装配图逐步检查电路板上焊接的每个元器件的型号和参数是否与设计选型的元器件一致；检验元器件引脚之间有无短路，连接处有无接触不良，二极管、三极管、集成电路以及电解电容极性和方向等是否连接有误。

2) 连线检查

电路连线错误是造成电路故障的主要原因之一。在通电调试前必须检查所有连线是否正确，包括错线、多线和少线等。尤其要注意排除电源供电极性接反、信号源连线接反错误以及电源端对地短路等错误。

2. 通电观察

电路经过目视检查并确认无误后，方可通电观察。给线路通电后，除用眼、耳、鼻、手等检查线路故障外，一般情况下还应使用仪表，如示波器、电流表、电压表等监视电路状态。例如，通电后，眼要看电路内有无打火、冒烟等现象；耳要听电路内有无异常声音；鼻要闻电器内有无烧焦、烧糊的异味；手要触摸一些管子，检查集成电路等是否发烫。发现异常应立即断电，重新检查电路并找出原因，待故障排除后方可重新接通电源。

通电观察后，如果电路初步工作正常，就可转入正常调试阶段。

3. 静态调试

交、直流并存是电子产品电路工作的一个重要特点。一般情况下，直流为交流服务是产品系统电路工作的基础，为系统提供静态工作点。因此，电子电路的调试有静态调试和动态调试两种。静态调试一般是指电路接通电源而没有接入外加信号的情况下，对电路直流工作状态进行的测量和调试。例如，通过静态测试模拟电路的静态工作点、数字芯片的各输入端和输出端的高、低电平值及逻辑关系等。

对于运算放大器，静态调试除测量正、负电源是否接上外，主要检查在输入为零时，输出端是否接近零电位，调零电路起不起作用。当运放输出直流电位始终接近正电源电压值或负电源电压值时，说明运放处于阻塞状态，可能是外电路没有接好，也可能是运放已经损坏。如果通过调零电位器不能使输出为零，除了运放内部对称性差外，也可能运放处于振荡状态。电路板直流工作状态的调试，最好接上示波器进行监视。

通过静态调试可以及时发现已经损坏的元器件，及时更换，并分析原因进行处理；还可以判断电路的工作状态是否正常，及时调整电路参数，直至各测量值符合要求为止。

4. 动态调试

动态调试是在静态调试的基础上进行的。调试的方法是在系统电路的输入端接入适当频率和幅值的信号，并循着信号的流向逐级检测各有关点的波形、参数和性能指标。调试的关键是对实测的数据、波形和现象进行分析和判断，并根据测量结果估算电路的性能指标。凡达不到设计要求的，应对电路有关参数进行调整，使之达到要求。调试中，若发现电路中存在异常现象，应立即切断电源和输入信号，采取不同的方法缩小故障范围，设法排除故障。经初步动态调试后，如电路性能已基本达到设计指标要求，便可进行电路性能指标的全面测量。

为了保证调试效果，缩短开发时间，在调试时应注意以下几点：

(1) 根据产品性能参数及测试需求，合理配置测试仪器与仪表，正确使用仪器仪表，减小测量误差，提高测量精度。

(2) 在电子产品开发过程中，设计、调试及总结报告整理时间大概各占三分之一。调试中，要对测试项目及步骤做详细计划，形成记录测试数据的良好习惯，并及时撰写测试及总结报告。

(3) 调试中，要透过现象找本质，要能够发现问题，并能分析问题、解决问题，最终对前期设计进行纠正，形成科学严谨的技术开发精神。

0.2.8　电子产品故障检测

电子产品调试是利用现代电子测量手段，不断测试、发现故障并修正调校电路，以排除故障，使产品指标达到设计需求的过程。在电子电路的设计、安装与调试过程中，不可避免地会出现各种各样的故障现象，所以检查和排除故障是技术开发人员必备的实际技能。面对一个整机电路，要从大量的元器件和线路中迅速、准确地找出故障确实不太容易，而且故障又五花八门，这就要求掌握正确的方法。一般来说，故障诊断过程是：从故障现象出发，通过反复测试，作出分析判断，逐步找出故障原因。

1. 故障产生原因

对一个复杂的电子产品来说，开发调试中，故障的出现往往是不可避免的。分析和处理故障可以提高分析和解决问题的能力。要在大量的元器件和线路中迅速、准确地找出故障不是一件容易的事情。下面介绍几种常见的故障产生原因，供产品开发者实际操作中对比参考。

(1) 实际调试产品电路与设计的原理图不符，主要表现为 PCB 板封装错误或元器件型号与设计不符，致使电路工作不正常。

(2) 元器件使用不当或损坏。例如功率器件的静电击穿、功率 IC 使能端的高低电平接错等现象，造成电路故障。

(3) 仪器使用不正确造成的故障。如示波器多通道测试时，共地问题处理不当将会造成电路板故障。

(4) 各种干扰引起的故障。如各种高频率开关信号对 MCU 控制信号的干扰，造成 MCU 无法正常输出控制信号等。

(5) 电路设计本身的缺陷。因为没有充分评估，电路参数设计本身达不到产品目标要求。

(6) 误操作引起的各种故障。如一些控制系统的面板操作需要进行特定设置和操作步骤，如果设置不当且没遵循操作步骤，将会引起产品系统故障。

2. 故障诊断方法

查找、判断和确定故障位置及其原因是故障检测的关键，也是一件困难的工作，要求技术开发人员具有一定的理论基础及丰富的实践经验。

下面介绍几种常用的故障检测方法，这些都是一线工程师在长期实践中总结归纳出来的方法，值得借鉴和参考。

1) 观察法

观察法是通过人体的感觉发现电子线路故障的方法，这是一种最简单、最安全的方法，也是各种仪器设备通用检测过程的第一步。观察法又可分为静态观察法和动态观察法两种。

静态观察法即不通电观察法，在线路通电前通过目视检查找出某些故障。实践证明占线路故障相当大比例的焊点失效、导线接头断开、接插件松脱、连接点生锈等故障，完全可以通过观察发现，没有必要对整个电路大动干戈，导致故障升级。静态观察要先外后内，循序渐进；打开机箱前先检查电器外表有无碰伤，按键、插头插座电线电缆有无损坏，保险丝是否烧断等；打开机箱后，先看机内各种装置和元器件有无相碰、断线、烧坏等现象，然后轻轻拨动一些元器件、导线等进行进一步检查。对于试验电路或样机，要对照原理图检查接线和元器件是否符合设计要求，IC 管脚有无插错方向或折弯，有无漏焊、桥接等故障。

动态观察法又称通电观察法，即给线路通电后，运用眼、耳、鼻、手等检查线路故障，一般情况下还应使用仪表，如电流表、电压表等监视电路状态。

2) 测量法

测量法是故障检测中使用最广泛、最有效的方法。根据所检测电参数特性的不同，测量法又可分为电阻法、电压法、电流法、波形法和逻辑状态法五种。

电阻是各种电子元器件和电路的基本特征。利用万用表测量电子元器件或电路各点之间的电阻值来判断故障的方法称为电阻法。电阻值测量有"在线"和"离线"两种方法。"在线"测量需要考虑被测元器件受其他串并联电路的影响，测量结果应对照原理图进行分析判断；"离线"测量需要将被测元器件或电路从整个印制电路板上脱焊下来，操作较麻烦，但结果准确可靠。

电子线路正常工作时，线路各点都有一个确定的工作电压，通过测量电压来判断故障的方法称为电压法。电压法是通电检测手段中最基本、最常用的方法，根据电源性质又可分为交流和直流两种电压测量。交流电压测量较为简单，对 50 Hz 市电升压或降压后的电压只需使用万用表测量即可。

直流电压测量一般分为三步：首先测量稳压电路输出端是否正常。然后检查各单元电路及电路的关键点，例如放大电路输出点、外接部件电源端等处电压是否正常，电路主要元器件如晶体管、集成电路各管脚电压是否正常，对这些元器件首先要测电源是否已经加上。最后，根据产品说明书上给出的电路各点的正常工作电压或集成电路各引脚的工作电压，检测电路各点电压，并对比正常工作的电路，偏离正常电压较多的部位或元器件往往就是故障所在部位。

电子线路在正常工作时，各部分工作电流是稳定的，偏离正常值较大的部位往往是故障部位，这就是用电流法检测线路故障的原理，包括直接测量和间接测量两种方法。直接测量就是用电流表直接串接在欲检测的回路中测得电流值的方法，这种方法直观、准确，但往往需要断开导线、脱焊元器件引脚等才能进行测量，因而不大方便。间接测量法实际上是把测电压方法中的电压值换算成电流值，这种方法快捷方便，但如果所选测量点的元器件有故障则不容易准确判断。

对产生和处理交变信号的电路来说，采用示波器观察各点的波形是最直观、最有效的故障检测方法。

波形法主要应用于以下三种情况：

(1) 测量电路相关的点有无波形或形状相差是否较大，以此判断故障。

(2) 电路参数不匹配、元器件选择不当或损坏会引起波形失真，通过观测波形失真和分析电路可以找出故障原因。

(3) 利用示波器测量波形的各种参数，如幅值、周期、前后沿、相位等，与正常工作时的波形参数对照，找出故障原因。

逻辑状态法是对数字电路的一种检测方法。对数字电路而言，只需判断电路各部位的逻辑状态即可确定电路工作是否正常。数字逻辑状态主要有高低两种电平状态，另外还有脉冲串及高阻状态，因而可以使用逻辑笔进行电路检测。逻辑笔具有体积小、使用方便的优点。

3) 比较法

有时用多种检测手段及试验方法都不能判定故障所在，并不复杂的比较法却能得到较好的结果。常用的比较法有整机比较法、调整比较法、旁路比较法及排除比较法四种方法。

整机比较法是将故障机与同一类型正常工作的机器进行比较查找故障的方法，这种方法对缺乏资料而本身较复杂的设备尤为适用。整机比较法以检测法为基础，对可能存在故障的电路部分进行工作点测定和波形观察或者信号监测，通过比较好坏设备的差别发现问题。当然由于每台设备不可能完全一致，对检测结果还要分析判断，这些常识性问题需要基本理论指导和日常工作的积累。

调整比较法是通过调整整机设备的可调元器件或改变某些现状，比较调整前后电路的变化来确定故障的一种检测方法。这种方法特别适用于放置时间较长或经过搬运、跌落等外部条件变化引起故障的设备。运用调整比较法时最忌讳乱调乱动而又不作标记，调整和改变现状应一步一步改变。实施该过程时，应随时比较变化前后的状态，发现调整无效或向坏的方向变化时应及时恢复。

旁路比较法是使用适当容量和耐压的电容对被检测设备电路的某些部位进行旁路的比较检查方法，适用于电源干扰、寄生振荡等故障。因为旁路比较法实际上是一种交流短路试验，所以一般情况下先选用一种容量较小的电容，临时跨接在有疑问的电路部位和"地"之间，观察比较故障现象的变化。如果电路向好的方向变化，可适当加大电容容量再试，直到消除故障；根据旁路的部位可以判定故障的部位。

排除比较法是逐一插入组件，同时监视整机或系统。如果系统正常工作，就可排除该组件的嫌疑，再插入另一块组件试验，直到找出故障。有些组合整机或组合系统中往往有若干相同功能和结构的组件，调试中发现系统功能不正常时，不能确定引起故障的组件，这种情况下采用排除比较法容易确认故障所在。排除比较法可采用递加排除，也可采用递减排除。多单元系统故障有时不是一个单元组件引起的，这种情况下应多次比较才能排除。采用排除比较法时，每次插入或拔出单元组件都要关断电源，防止带电插拔造成系统损坏。

4) 替换法

替换法是用规格性能相同的正常元器件、电路或部件替换电路中被怀疑的相应部分，从而判断故障所在的一种检测方法，也是电路调试、检修中最常用的方法之一。在实际应用中，按替换的对象不同，可分为元器件替换、单元电路替换和部件替换三种方法。

元器件替换除某些电路结构较为方便外，一般都需拆焊操作，比较麻烦且容易损坏周边电路或印制板。因此，元器件替换一般只作为各种检测方法均难判别时才采用的方法，并且尽量避免对电路板做"大手术"。

当怀疑某一单元电路有故障时，可用一台同型号或同类型的正常电路替换待查机器的相应单元电路，判定此单元电路是否正常。当电子设备采用单元电路为多板结构时，替换试验是较方便的，因此对现场维修要求较高的产品，尽可能采用可替换的结构，方便设备维修。

随着集成电路和安装技术的发展，电子产品向集成度更高、功能更多、体积更小的方向发展，导致不仅元器件级的替换试验困难，单元电路替换也越来越不方便。因为过去十几块甚至几十块电路的功能，现在用一块集成电路即可完成，单位面积的印制板上容纳了更多的电路单元。电路的检测、维修逐渐向板卡级甚至整体方向发展，特别是较为复杂的、由若干独立功能件组成的系统，检测主要采用的是部件替换方法。

部件替换试验要遵循以下三点：

(1) 用于替换的部件与原部件必须型号、规格一致，或者是主要性能、功能兼容并且能正常工作的部件。

(2) 要替换的部件接口工作正常，至少电源及输入、输出口正常，不会使替换部件损坏。这一点要求在替换前分析故障现象并对接口电源作必要检测。

(3) 替换要单独试验，不要一次换多个部件。

5) 跟踪法

信号传输电路包括信号获取和信号处理，在现代电子电路中占很大比例。跟踪法检测的关键是跟踪信号的传输环节。具体应用中根据电路的种类可分为信号寻迹法和信号注入法两种。

信号寻迹法是针对信号产生和处理电路的信号流向寻找信号踪迹的检测方法，具体检测时又可分为正向寻迹法(由输入到输出顺序查找)、反向寻迹法和等分寻迹法三种。

正向寻迹法是常用的检测方法，可以借助测试仪器逐级定性、定量检测信号，从而确定故障部位。反向寻迹法仅仅是检测的顺序不同。等分寻迹法是将待测电路分为两部分，先判定故障在哪一部分，然后将有故障的部分再分为两部分检测。等分寻迹对于单元较多的电路是一种高效的方法。

对于本身不带信号产生电路或信号产生电路有故障的信号处理电路，采用信号注入法是有效的检测方法，所谓信号注入就是在信号处理电路的各级输入端输入已知的外加测试信号，通过终端指示器(例如指示仪表、扬声器、显示器等)或检测仪器来判断电路工作状态，从而找出电路故障。

6) 断路法

断路法是指依次断开电路的某一支路，如果断开该支路后电路恢复正常，则故障就发生在此支路。断路法对于一些有反馈回路的故障判断是比较困难的，如振荡器、带有各种类型反馈的放大器等，因为它们各级的工作情况互相有牵连，查找故障时需把反馈环路断开接入一个合适的信号，使电路成为开环系统，然后再逐级查找发生故障的部分。

在实际应用中，要针对具体检测对象，灵活运用上述一种或几种方法，并不断总结适合自己工作领域的经验方法，才能达到快速、准确、有效排除故障的目的。

第一章　实用电子小制作

　　电子信息技术是当今发展最为迅速，应用最为广泛的科学技术。随着云计算、大数据、物联网、移动互联网、人工智能等新一代信息技术的快速演进以及硬件、软件、服务等核心技术体系加速重构，正在引发电子信息产业的新一轮变革。伴随着新技术的发展和更替，各种实用电子制作将会在生活中得到越来越广泛的应用。

　　本章将实用电子小制作实例项目化，以直流稳压电源的设计与制作、智能充电器的制作、声控灯的制作为载体，按照项目需求、项目评估、项目设计、项目组装与调试、项目归档、绩效考核等企业电子产品开发流程展示了项目的开发与制作过程，让学生或初学者在项目开发制作中完成学习，在学习中完成产品制作。

1.1 项目——直流稳压电源的设计与制作

(1) 通过项目开发与制作，进一步掌握整流与稳压电路的工作原理。

(2) 学会电源电路的设计与调试方法。

(3) 熟悉集成稳压器的特点，学会合理选择使用稳压器。

1.1.1 项目需求

1. 项目概述

当今社会，人们尽情享受着电子设备带来的便利，但是任何电子设备都需要能源供电，因此所有电子设备均需要有一个共同的电路——电源电路。大到超级计算机，小到袖珍计算器，所有的电子设备都必须在电源电路的支持下才能正常工作。当然这些电源电路的样式、复杂程度千差万别。超级计算机的电源电路本身就是一套复杂的电源系统，通过这套电源系统，超级计算机各部分都能够得到持续稳定、符合各种复杂规范的电源供应。袖珍计算器则是简单得多的电池电源电路。不过也不要小看了这个电池电源电路，比较新型的电路完全具备电池能量提醒、掉电保护等高级功能。可以说电源电路是一切电子设备的基础，没有电源电路就不会有如此种类繁多的电子设备，我们的生活也就不会这么丰富多彩了。

由于电子技术的特性，电子设备对电源电路的要求就是能够提供持续稳定、满足负载要求的电能，而且通常情况下都要求提供稳定的直流电能。提供这种稳定的直流电能的电源就是直流稳压电源，它在电源技术中占有十分重要的地位。其中，线性稳压电源由于其简单、实用等特点，被广泛应用于科研、电力电子、电镀、广播电视发射、通信等领域，是高等院校、实验室等进行电子电路研究不可或缺的仪器设备。但是传统线性稳压电源存在变压器转换效率低、稳压芯片压差大、滤波电路不够完善等缺点，时常出现输出纹波大、效率低、发热量大、间接地给系统增加热噪声等问题。在历年的电子设计竞赛中，作品在比赛场地测试正常，但在指定测试场地测评时，电路突然烧毁或者性能指标达不到原先水平的现象时有发生，其中一个重要的原因就是测评场地提供的稳压电源电压波动大、供电电流不稳定、正负电压不匹配。因此，高稳定性、低纹波的稳压电源是科研创新和电子设计竞赛不可或缺的保障。

2. 项目功能

(1) ±12 V 双端输出直流稳压电源。

(2) 能扩展输出 ±5 V 电压。

(3) 采用分立器件，电路简洁，能在万能板上手工布线实现。

(4) 采用工频变压器实现变压，电路简单、易实现。

(5) 适用于各种芯片供电、简单电子制作供电等。

3. 技术参数

(1) 额定工作电压：220 V ± (1 + 20%)V。

(2) 输出直流电压：±12 V、±5 V。

(3) 最大输出电流：$I_{omax} = 400$ mA。

(4) 纹波电压不大于 5 mV。

(5) 工作环境温度：–10℃～+80℃。

1.1.2 项目评估

1. 方案可行性论证

现在所使用的大多数电子设备都必须用到直流稳压电源，来为系统提供直流电，使系统正常工作。它们在电子设备中起着"保驾护航"的作用，为设备能够稳定工作提供保证。

直流电源可以由高频开关电源、电池、线性稳压电源等方案实现，而最常用的是能将交流电网电压转换为稳定直流电压的线性直流电源。由项目需求可知，要设计的电源为小功率直流稳压电源。国内电网中 220 V、50 Hz 的单向交流电经工频变压器降压后，再经过整流滤波即可获得低电压、小功率的直流电源。然而，由于电网电压会有 ±10% 的变化，且负载变化会引起直流电源内阻上的压降变化，这均会导致整流滤波后输出的直流电压发生变化，为此必须将整流、滤波后的直流电压由稳压电路稳定后再提供给负载，使负载上的直流电源电压受上述因素的影响程度达到最小。因此，一个完整的直流电压电源系统一般由四部分组成：电源变压器、整流电路、滤波电路、稳压电路。考虑经济性、实用性、易开发原则，可选择线性直流稳压电源方案，其系统框图如图 1.1.1 所示。

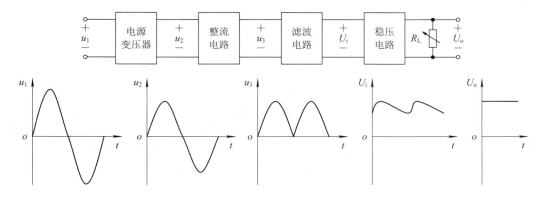

图 1.1.1 直流稳压电源系统框图

2. 方案工作原理

由分立元件组成的典型直流稳压电源如图 1.1.2 所示。

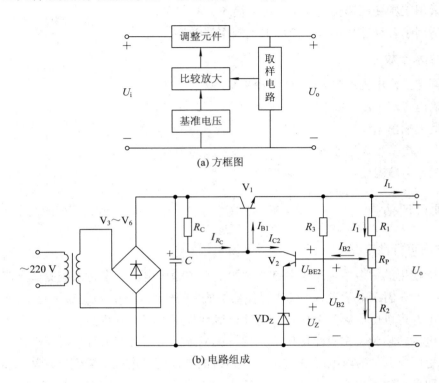

(a) 方框图

(b) 电路组成

图 1.1.2 分立元件组成的直流稳压电源

1) 电源变压器

电源变压器的作用是将电网 220 V 的交流电压 u_1 变换成整流滤波电路所需要的交流电压 u_2。一般的变压器具有一个初级绕组、一个或多个次级绕组，线圈绕在铁芯上。给初级绕组加上交流电，由于电磁感应的原理，次级绕组上会有电压输出。变压器次级与初级的功率比为

$$\frac{P_2}{P_1} = \eta \tag{1.1.1}$$

式中，η 为变压器的效率。

一般小型变压器的效率如表 1.1.1 所示。

表 1.1.1 小型工频变压器的效率

次级功率 P_2/(V · A)	< 10	10~30	30~80	80~200
效率/η	0.6	0.7	0.8	0.85

2) 整流和滤波电路

整流二极管 $V_3 \sim V_6$ 组成单相桥式整流电路，将交流电压 u_2 变成脉动的直流电压 u_3，

再经滤波电容 C 滤除纹波，输出直流电压 U_i。U_i 与交流电压 u_2 有效值 U_2 的关系为

$$U_i = (1.1 \sim 1.4)U_2 \qquad (1.1.2)$$

每只整流二极管承受的最大反向电压为

$$U_{RM} = \sqrt{2}U_2 \qquad (1.1.3)$$

通过每只二极管的平均电流为

$$I_D = \frac{1}{2}I_R = \frac{0.45U_2}{R} \qquad (1.1.4)$$

式中，R 为整流滤波电路的负载电阻。

R 为电容 C 提供放电回路，RC 放电时间常数应满足：

$$RC > \frac{(3 \sim 5)T}{2} \qquad (1.1.5)$$

式中，T 为 50 Hz 交流电压的周期，即 20 ms。

3) 稳压电路

直流稳压电源的稳压电路根据使用的电路元器件的不同，可分为分立元件稳压电路和三端集成稳压电路两种。

(1) 分立元件稳压电路。

根据电路调整元件与负载 R_L 的串并联关系，此类稳压电路又可以分为并联型稳压电路和串联型稳压电路两种。

并联型硅稳压管稳压电路如图 1.1.3 所示，稳压管 VD_Z 为电流调整元件，R 为限流电阻。其稳压原理为：设 U_i 恒定，则 $R_L \uparrow \rightarrow I_L \downarrow \rightarrow U_o \uparrow \rightarrow I_Z \uparrow \rightarrow U_o \downarrow$。

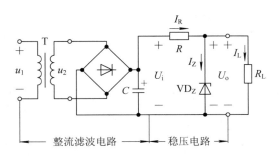

图 1.1.3 硅稳压管稳压电路

此电路的优点是结构简单，调试方便；缺点是输出电流较小，输出电压固定，稳压性能较差。因此只适用于小型电子设备。

简单串联型晶体管稳压电路如图 1.1.4 所示。图中 V_1 为调整管，工作在放大区，起电压调整作用；VD_Z 为硅稳压管，稳定 V_1 管的基极电压 U_B，提供稳压电路的基准电压 U_Z；R_1 既是 VD_Z 的限流电阻，又是 V_1 管的偏置电阻；R_2 为 V_1 管的发射极电阻；R_L 为外接负载。

稳压过程简述如下：

$$U_o \uparrow \rightarrow U_{BE} \downarrow \rightarrow I_B \downarrow \rightarrow U_{CE} \uparrow \rightarrow U_o \downarrow$$

因负载电流由 V_1 供给，所以与并联型稳压电路相比，此电路可以供给较大的负载电流。但该电路对输出电压的微小变化量反应迟钝，稳压效果不好，因此只能用在要求不高的电路中。

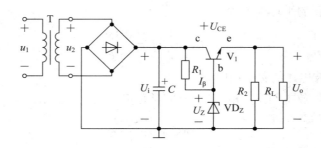

图 1.1.4　简单串联型晶体管稳压电路

图 1.1.2 所示电路为带有放大环节的串联型可调晶体管稳压电源，其方框图如图 1.1.2(a) 所示，电路组成如图 1.1.2(b)所示。整个稳压电路部分由调整部分(调整管 V_1)、取样电路(由 R_1、R_2、R_P 组成的分压器)、基准环节(由稳压管 VD_Z 和 R_3 组成的稳压电路)、比较放大级(放大管 V_2 等)。V_1 为调整管，起电压调整作用；V_2 是比较放大管，与集电极电阻 R_C 组成比较放大器；VD_Z 是稳压管，与限流电阻 R_3 组成基准电源，为 V_2 发射极提供基准电压；R_1、R_2 和 R_P 组成采样电路，取出一部分输出电压变化量加到 V_2 管的基极，与 V_2 发射极基准电压进行比较，其差值电压经过 V_2 放大后，送到调整管的基极，控制调整管的工作。

稳压原理如下：

① 当电网电压升高或 R_L 增大时，稳压过程为

$$U_i \uparrow \rightarrow U_o \uparrow \rightarrow U_{B2} \uparrow \rightarrow U_{BE2} \uparrow \rightarrow I_{B2} \uparrow \rightarrow I_{C2} \uparrow \rightarrow U_{B1} \downarrow \rightarrow I_{B1} \downarrow \rightarrow U_{CE1} \uparrow \rightarrow U_o \downarrow$$

可概括为

$$U_o \uparrow \rightarrow U_{CE1} \uparrow \rightarrow U_o \downarrow$$

② 当电网电压下降或负载变重时，稳压过程为

$$U_i \downarrow (R_L \downarrow) \rightarrow U_o \downarrow \rightarrow U_{B2} \downarrow \rightarrow U_{BE2} \downarrow \rightarrow I_{B2} \downarrow \rightarrow I_{C2} \downarrow \rightarrow U_{C2} \uparrow \rightarrow I_{B1} \uparrow \rightarrow I_{E1} \uparrow \rightarrow U_{CE1} \downarrow \rightarrow U_o \uparrow$$

可概括为

$$U_o \downarrow \rightarrow U_{CE1} \downarrow \rightarrow U_o \uparrow$$

当输出电压需要调节时，可通过调整可调电阻 R_P 的阻值来对输出电压进行调节。

由图 1.1.2(b)可知，按分压关系可知

$$U_{B2} = \frac{R_2 + R_{P(下)}}{R_1 + R_2 + R_P} U_o \tag{1.1.6}$$

整理可得

$$U_\text{o} = \frac{R_1 + R_2 + R_\text{P}}{R_2 + R_\text{P(下)}}(U_\text{Z} + U_\text{BE2}) \tag{1.1.7}$$

其中，$R_\text{P(下)}$ 为可变电阻抽头下部分阻值。

因 $U_\text{Z} \gg U_\text{BE2}$，所以

$$U_\text{o} = \frac{R_1 + R_2 + R_\text{P}}{R_2 + R_\text{P(下)}}U_\text{Z} \tag{1.1.8}$$

式中，$\dfrac{R_2 + R_\text{P(下)}}{R_1 + R_2 + R_\text{P}}$ 为分压比，称为取样比，用 n 表示，则有

$$U_\text{o} = \frac{U_\text{Z}}{n} \tag{1.1.9}$$

这种电路的稳压过程是通过调整元器件的电压实现的，电路的优点是输出电流较大，输出电压稳定性高，而且可以调节，因此应用比较广泛。

(2) 三端集成稳压电路。

用分立元件组装的稳压电源固然有输出功率大、适应性较广的优点，但因其体积大、焊点多、可靠性差而使应用范围受到限制。近年来，集成稳压电源已得到广泛的应用。集成稳压器有多端式和三端式两种，输出电压有固定式、可调式、正压、负压等四种。其中小功率的稳压电源以三端集成稳压器的应用最为普遍。

① 固定式三端集成稳压器。

目前常用的固定式三端集成稳压器有最大输出电流 $I_\text{omax} = 100\ \text{mA}$ 的 LW78L×× (W79L××)系列、$I_\text{omax} = 500\ \text{mA}$ 的 LW78M××(LW79M××)系列和 $I_\text{omax} = 1.5\ \text{A}$ 的 LW78××(W79××)系列。三端是指稳压电路只有输入、输出和接地三个接地端。型号中 78 表示输出为正电压，79 表示输出为负电压，最后两位数表示输出电压值，有 5 V、6 V、9 V、15 V、18 V 和 24 V 等。稳压器使用时，要求输入电压 U_i 与输出电压 U_o 的电压差 $U_\text{i} - U_\text{o} \geqslant 2\ \text{V}$，稳压器的静态电流 $I_\text{o} = 8\ \text{mA}$。当 $U_\text{o} = 5 \sim 18\ \text{V}$ 时，U_i 的最大值 $U_\text{imax} = 35\ \text{V}$；当 $U_\text{o} = 18 \sim 24\ \text{V}$ 时，U_i 的最大值 $U_\text{imax} = 40\ \text{V}$。这种固定式集成稳压器的封装形式有金属壳封装和塑料壳封装两种，如图 1.1.5 所示；其引脚功能及电路如图 1.1.6 所示。

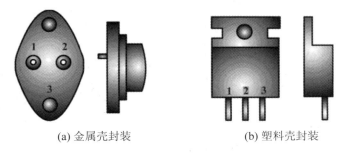

(a) 金属壳封装　　　　　　　(b) 塑料壳封装

图 1.1.5　固定式三端集成稳压器封装

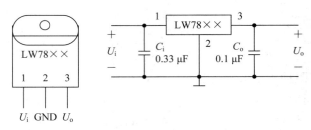

(a) LW78××系列的引脚图及应用电路

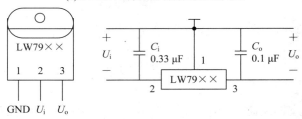

(b) LW79××系列的引脚图及应用电路

图 1.1.6　固定式三端稳压器的引脚图与应用电路

② 可调式三端集成稳压器。

可调式三端集成稳压器是指输出电压可以连续调节的稳压器，有输出正电压的 **LW317** 系列三端稳压器和输出负电压的 **LW337** 系列三端稳压器。在可调式三端集成稳压器中，稳压器的三个端是指输入端(U_i)、输出端(U_o)和调节端(Arj)。稳压器输出电压的可调范围为 $U_o = 1.2 \sim 37 \text{ V}$，最大输出电流 $I_{omax} = 1.5 \text{ A}$。输入电压与输出电压差的允许范围为 $U_i - U_o = 3 \sim 40 \text{ V}$。可调式三端集成稳压器的引脚及电路如图 1.1.7 所示。

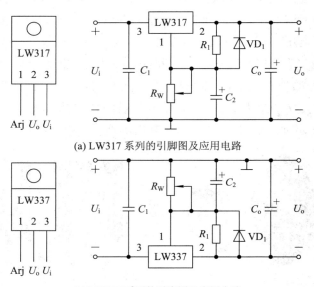

(a) LW317 系列的引脚图及应用电路

(b) LW337 系列的引脚图及应用电路

图 1.1.7　可调式三端集成稳压器

在图 1.1.7(a)中，R_1 与 R_w 组成输出电压调节电路，输出电压 $U_o \approx 1.25(1 + R_w/R_1)$，$R_1$ 的值为 120～240 Ω，流经 R_1 的泄放电流为 5～10 mA；R_w 为精密可调电位器；电容 C_1 可以进一步消除纹波，电容 C_1 与 C_o 还能起到相位补偿作用，以防止电路产生自激振荡；电容 C_2 与 R_w 并联组成滤波电路，电位器 R_w 两端的纹波电压通过电容 C_2 旁路掉，以减小输出电压中的纹波；二极管 VD_1 的作用是防止输出端与地短路时，因电容 C_2 上的电压太大而损坏稳压器。

1.1.3　项目设计

1. 电路参数设计

稳压电源的设计指根据稳压电源的输出电压 U_o、输出电流 I_o、输出纹波电压 ΔU_{opp} 等性能指标要求，正确地确定出变压器、集成稳压器、整流二极管和滤波电路中所用元器件的性能参数，从而合理地选择这些器件。

1) 电路的设计步骤

任何一个电路的开发设计均可遵循一定的步骤和方法，从而有效提高开发效率和产品成功率。稳压电源的设计一般可以分为以下三个步骤：

(1) 根据稳压电源的输出电压 U_o、最大输出电流 I_{omax}，确定稳压器的型号及电路形式。

(2) 根据稳压器的输入电压 U_i 确定电源变压器副边电压 u_2 的有效值 U_2；根据稳压电源的最大输出电流 I_{omax}，确定流过电源变压器副边的电流 I_2 和电源变压器副边的功率 P_2；根据 P_2 从表 1.1.1 中查出变压器的效率 η，从而确定电源变压器原边的功率 P_1。然后根据所确定的参数，选择电源变压器。

(3) 确定整流二极管的正向平均电流 I_D、整流二极管的最大反向电压 U_{RM}、滤波电容的电容值和耐压值。根据所确定的参数，选择整流二极管和滤波电容。

项目性能指标的基本要求为：$U_{o1} = 12$ V，$U_{o2} = -12$ V，对称输出；$I_{omax} = 400$ mA，同时扩展输出 ±5 V 电压(扩展要求)；纹波电压的有效值 $\Delta U_o \leqslant 5$ mV，稳压系数 $S_u \leqslant 3 \times 10^{-3}$。

2) 电路的设计过程

设计计算过程如下：

(1) 选择集成稳压器，确定电路形式。

项目要求两路输出正负 12 V 电源，并能在双 12 V 基础上扩展出正负 5 V 电源。固定式三端集成稳压器 LW7812、LW7912、LM7805、LM7905 即可实现项目设计需求，具体电路如图 1.1.8 所示。

输入端电容 C_1、C_2 用来减小输入电压中的波纹，输出端电容 C_5、C_6、C_9、C_{10} 用来改善瞬态负载响应特性。

当输出端接的负载发生变化时，电压经负反馈电路传给稳压器，通过稳压器的稳压使输出电压再次达到稳定。

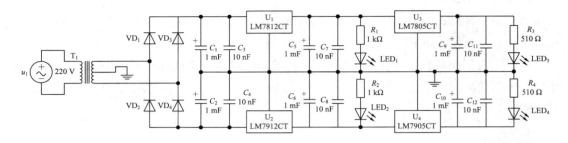

图 1.1.8　双 12 V、双 5 V 输出稳压电源

(2) 确定电源变压器的参数。

三端集成稳压器最小压差为 $U_{i1} - U_{o1} = 2\text{ V}$，故输入电压 $U_{i1} = 2 + 12 = 14\text{ V}$，稳压器的输入电流即为整流滤波电路的负载电流

$$I_{i1} = I_{omax} + I_Q = 400 + 8 = 408\text{ mA}$$

由此可确定变压器的副边电压有效值 $U_{2a} = \dfrac{U_{i1}}{1.2} = \dfrac{14}{1.2} = 12\text{ V}$；同理可求得 $U_{i2} = -14\text{ V}$，$I_{i2} = 408\text{ mA}$，$U_{2b} = -12\text{ V}$。根据上述数据，可求得整流滤波电路的等效负载为

$$R'_L = \frac{|U_{i1}| + |U_{i2}|}{I_{i1} + I_{i2}} = \frac{12 + |-12|}{0.408 + 0.408} = 29.4\ \Omega$$

变压器副边输出功率

$$P_2 \geqslant (|U_{2a}| + |U_{2b}|) \cdot (I_{i1} + I_{i2}) = 24\text{ V} \times 0.816\text{ mA} = 19.6\text{ W}$$

由表 1.1.1 可得变压器的效率 $\eta = 0.7$，则原边输入功率为 $P_1 \geqslant \dfrac{P_2}{\eta} = 28\text{ W}$，实际应用中选功率为 30 W 的电源变压器。

(3) 确定桥式整流二极管的参数。

二极管的最大反向电压应满足

$$U_{RM} \geqslant \sqrt{2}(|U_{2a}| + |U_{2b}|) = 33.9\text{ V}$$

正向平均电流应满足

$$I_F \geqslant I_D = \frac{1}{2}(I_{i1} + I_{i2}) = 0.408\text{ A}$$

因此整流二极管 VD_1、VD_2、VD_3、VD_4 可选 1N4001。

(4) 确定滤波电容的参数。

由式(2-5)可知

$$C \geqslant \frac{(3\sim5)\dfrac{T}{2}}{R'_L} = \frac{(3\sim5)\dfrac{1}{2} \times 20 \times 10^{-3}}{29.4}\text{ F} = 1020\sim1700\ \mu\text{F}$$

取 $C = 1000\ \mu\text{F}$，电容器耐压值 $U_{\text{CM}} \geqslant \sqrt{2}(|U_{2a}| + |U_{2b}|) = 33.9\ \text{V}$，故电容器参数为 $C = 1000\ \mu\text{F}/50\ \text{V}$。

2. 电路仿真

验证电路设计是否合理，仿真是一种有效手段。开发中，可在 Multisim 软件中建立如图 1.1.9 所示的仿真模型，通过仿真手段抓取电路波形，检验电路是否能正常工作。图 1.1.10～图 1.1.13 分别给出了输入 220 V 交流电的波形、整流正端输出的电压波形、整流负端输出的电压波形、4 路直流输出的波形。

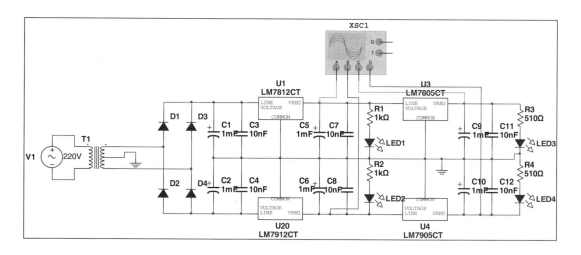

图 1.1.9　电路仿真模型

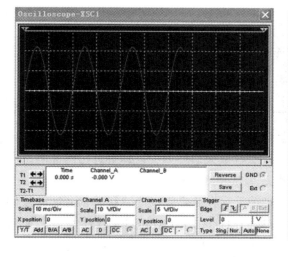

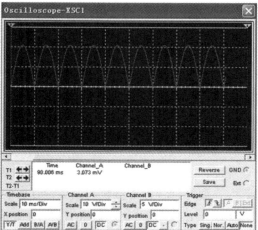

图 1.1.10　输入 220 V 交流电的波形　　　　图 1.1.11　整流正端输出的电压波形

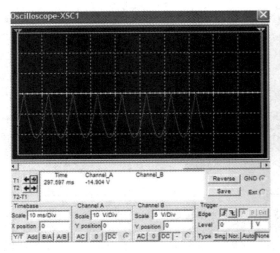

图 1.1.12　整流负端输出的电压波形

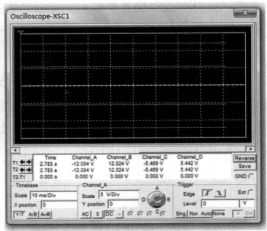

图 1.1.13　4 路输出的直流稳压波形

仿真完成后,根据仿真波形读取关键波形数据,完成表 1.1.2 所示的测试表格,并由此判断电路设计的合理性。

表 1.1.2　电路各电压参数仿真值

序号	测试项目	测试电压指标值/V	结论	备注
1	交流电压峰值			
2	整流正端电压峰值			
3	整流负端电压峰值			
4	12 V 输出电压			
5	负 12 V 输出电压			
6	5 V 输出电压			
7	负 5 V 输出电压			

3. 原理图设计

完成电路设计并仿真验证后,应将前期开发设计成果总结归档,即设计出产品的总电路原理图,以便为后续的 PCB 设计、电路组装、调试和维护提供依据。在系统电路原理图设计中,要与行业标准接轨,以免设计后的原理图无法在业界内识读。利用 Multisim 软件绘制如图 1.1.14 所示的原理图(书中未加特殊标注的原理图均由 Multisim 软件绘制)。原理图页面中,除了电气连接图,还要有标题栏等内容。标题栏中应有公司 Logo、项目或文档名称(Title)、设计者(Designed by)、检查者(Checked by)、审核者(Approved by)、文档编号及版本(Document No.)、建档日期(Date)、文档尺寸(Size)等信息。

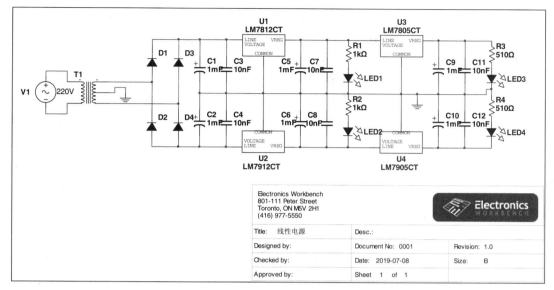

图 1.1.14 多路输出线性电源电路原理图

4. 元件清单

多路输出线性电源的元器件清单如表 1.1.3 所示。

表 1.1.3 多路输出线性电源的元器件清单

序号	元器件型号	封装	数量	位 号
1	万能板		1	
2	电源线		1	
3	工频变压器		1	T_1
4	整流二极管		4	VD_1、VD_2、VD_3、VD_4
5	电解电容		6	C_1、C_2、C_5、C_6、C_9、C_{10}
6	三端集成稳压器 LM7905CT		1	U_4
7	三端集成稳压器 LM7805CT		1	U_3
8	三端集成稳压器 LM7912CT		1	U_2
9	三端集成稳压器 LM7812CT		1	U_1
10	连接端子		1	P_1
11	1 kΩ 色环电阻		2	R_1、R_2
12	510 Ω 电阻		2	R_3、R_4
13	10 nF 瓷片电容		6	C_3、C_4、C_7、C_8、C_{11}、C_{12}
14	LED 灯		4	LED_1、LED_2、LED_3、LED_4

1.1.4 项目组装与调试

1. 电路焊接与组装

根据设计参数，按图 1.1.8 所示电路组装焊接集成稳压电路，并从稳压器的输入端加入

直流电压 $U_i \leqslant 14\ V$。实际设计中，可以在每路输出上接一个由电阻与发光二极管组成的串联电路，用于指示每路电压输出。若输出指示灯亮，说明稳压电路工作正常。

　　用万用表测量整流二极管的正、反向电阻，正确判断出二极管的极性后，按图 1.1.8 所示焊接组装整流滤波电路，安装时要注意二极管和电解电容的极性不要接反。经检查无误后，再将电源变压器(为保证安全，可在变压器的副边接上额定电流为 1A 的保险丝)与整流滤波电路连接。通电后用示波器或万用表检查整流后输出电压的极性，若输出电压的极性为负，则说明整流电路没有接对，此时若接入稳压电路，就会损坏集成稳压器。因此确定整流输出电压的极性为正后，断开电源，按图 1.1.8 所示将整流滤波电路与稳压电路连接起来，然后接通电源。若输出电压满足设计指标，说明稳压电源中各级电路都能正常工作，此时就可以进行各项指标的测试了。

　　线性电源简单实用。实际制作时，可以用设计好的 PCB 板进行焊接组装，也可通过手工布线在万能板上焊接组装。本书选择在万能板上手工布线的焊接方法。焊接组装时要从信号流向入手，从输入到输出逐步对元器件进行布局及布线，要求元器件布局合理，手工焊接布线不能有飞线及跳线，所有布线均由焊锡拉焊而成，焊点及布线要均匀。手工组装的线性电源如图 1.1.15 和 1.1.16 所示。

图 1.1.15　线性电源元器件面

图 1.1.16　线性电源布线及焊接面

2. 性能调试

1) 通电前的检查

电路板焊接组装好后，不可急于通电，应该首先认真细致地检查，确认无误后方能通电。检查包括自检、互检等步骤。检查均无问题后，方可通电调试。

通电前检查主要有以下三方面的内容：

(1) 检查元器件安装是否正确。尤其需要注意的是三端集成稳压器的型号、二极管的极性、电容器的耐压大小和极性、电阻的阻值和功率是否与设计图纸相符。如果不符，有可能在通电时烧坏元器件。

(2) 检查焊接点是否牢固，特别要仔细检查有无漏焊、虚焊和错焊。对于靠得很近的相邻焊点，要注意检查金属毛刺是否短路，必要时可以用万用表进行测量。

(3) 检查电路接线是否有误。根据原理图用万用表逐根导线测试，发现问题及时纠正。

2) 上电调试

调试仪器和工具：可编程交流电源、数字示波器、直流电源、螺丝刀、镊子、电烙铁、阻值为 $2.5\ \Omega$ 和 $12\ \Omega$ 的大功率电阻等。

为保证稳压电源的正常工作，其必须工作在额定范围内。焊接组装完成后，必须通过调试验证来检验设计的合理性。对于稳压电源电路，测试电路如图 1.17 所示。

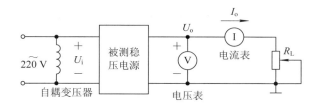

图 1.1.17 稳压电源性能指标测试电路

(1) 最大输出电流。

最大输出电流是指稳压电源正常工作时能输出的最大电流，用 I_{omax} 表示，一般情况下工作电流 $I_o < I_{omax}$。稳压电路内部应有保护电路，以防止 $I_o > I_{omax}$ 损坏稳压器。

(2) 输出电压。

输出电压是指稳压电源的输出电压，用 U_o 表示。采用如图 1.1.17 所示的测试电路，可以同时测量 U_o 与 I_{omax}。测试过程是：输出端接负载电阻 R_L，输入端接 220 V 的交流电压，数字电压表的测量值即为 U_o；再使 R_L 逐渐减小，直到 U_o 的值下降 5%，此时流经负载 R_L 的电流即为 I_{omax}(记下 I_{omax} 后迅速增大 R_L，以减小稳压电源的功耗)。

(3) 纹波电压。

纹波电压指叠加在输出电压 U_o 上的交流分量，一般为 mV 级，可将其放大后，用示波器观测其峰-峰值 ΔU_{opp}，也可以用交流电压表测量其有效值 ΔU_o。由于纹波电压不是正弦波，所以用有效值衡量存在一定误差。

(4) 纹波因数的测量。

用交流毫伏表测出稳压电源输出电压交流分量的有效值，用万用表(或数字万用表)的直流电压挡测量稳压电源输出电压的直流分量，则纹波因数为

$$\gamma = \frac{\text{输出电压交流分量的有效值}}{\text{输出电压的直流分量}} \tag{1.1.10}$$

(5) 稳压系数。

稳压系数是指在负载电流 I_o、环境温度 T 不变的情况下，输入电压的相对变化引起输出电压的相对变化，用公式可表示为

$$S_U = \left. \frac{\Delta U_o / U_o}{\Delta U_i / U_i} \right|_{\substack{I_o=\text{常数} \\ T=\text{常数}}} \tag{1.1.11}$$

S_U 的测量电路如图 1.1.17 所示。测试过程是：先调节自耦变压器，使输入电压增加 10%，即 $U_i = 242$ V，测量此时对应的输出电压 U_{o1}；再调节自耦变压器，使输入电压降低 10%，即 $U_i = 198$ V，测量此时的输入电压 U_{o2}；然后再测出 $U_i = 220$ V 时对应的输出电压 U_o，则稳压系数为

$$S_U = \frac{\Delta U_o / U_o}{\Delta U_i / U_i} = \frac{220}{242-198} \times \frac{U_{o1}-U_{o2}}{U_o} \tag{1.1.12}$$

实际调试中，可根据图 1.1.17 所示的测试电路进行性能测试，并在表 1.1.4、表 1.1.5、表 1.1.6、表 1.1.7、表 1.1.8 中记录测试结果；根据设计性能参数需求对比测试值与需求的差异性，从而检验设计是否合格，如果不合格，在结论栏填写不合格字样，在备注栏填写测试仪器、方法、现象等内容；根据测试现象对产品设计进行修正，直至调试合格。

表 1.1.4　最大电流测试值

序号	测试项目	测试值/A	结　论	备注
1	12 V 输出最大电流			
2	−12 V 输出最大电流			
3	5 V 输出最大电流			
4	−5 V 输出最大电流			

表 1.1.5　输出电压测试值

序号	测试项目	测试值/V	结　论	备注
1	12 V 输出电压			
2	−12 V 输出电压			
3	5 V 输出电压			
4	−5 V 输出电压			

表 1.1.6　纹波电压测试值

序号	测试项目	测试值/V	结　论	备注
1	12 V 输出纹波电压			
2	-12 V 输出纹波电压			
3	5 V 输出纹波电压			
4	-5 V 输出纹波电压			

表 1.1.7　纹波因数测量值

序号	测试项目	测试值/V	结　论	备注
1	12 V 输出纹波因数			
2	-12 V 输出纹波因数			
3	5 V 输出纹波因数			
4	- 5 V 输出纹波因数			

表 1.1.8　稳压系数测量值

序号	测试项目	测试值/V	结　论	备注
1	12 V 输出稳压系数			
2	-12 V 输出稳压系数			
3	5 V 输出稳压系数			
4	-5 V 输出稳压系数			

3. 直流稳压电源的检修

在直流稳压电源焊接组装和使用过程中，由于元器件、仪器设备、环境以及人为等因素，组装完成的成品或使用之后的成品会出现各种各样的故障，并不一定能完全能满足性能指标要求。因此，必须在直流稳压电源产品焊接组装完成或者使用一定周期后，进行必要的检测与维修。

1) 直流稳压电源检测

(1) 表面初步检查。

各种稳压电源一般都装有过载或短路保护的熔断丝以及输入/输出接线柱。检测时，应先检查熔断丝有否熔断或松脱，接线柱有否松脱或对地短路；查看电源变压器有否焦味或发霉，电阻、电容有否烧焦、霉断、漏液、炸裂等明显的损坏现象。

(2) 测量整流输出电压。

各种稳压电源中都有一组或一组以上的整流输出电压。如果这些整流输出电压有一组不正常，则稳压电源将会出现各种故障。因此检修时，要首先测量有关的整流输出电压是否正常。

(3) 测试电子器件。

如果整流电压输出正常，而输出稳压不正常，则需进一步测试调整管、放大管、三端集成稳压器等的性能是否良好，电容有否击穿短路或开路。如果发现有损坏、变值的元器件，通常更新后即可使稳压电源恢复正常。

(4) 检查电路的工作点。

若整流电压输出和有关的电子器件都正常，则应进一步检查电路的工作点。对晶体管来说，它的集电极和发射极之间要有一定的工作电压；基极与发射极之间的偏置电压，其极性应符合要求，并保证工作在放大区。对三端集成稳压器来说，输入、输出之间有一定的压差，过小或过大，集成稳压器工作都不会稳定。

(5) 分析电路原理。

如果发现某个晶体管的工作点电压不正常，则有两种可能：一是该晶体管损坏；二是电路中其他元器件损坏所致。对于三端集成稳压器，可以用同样方法进行分析。这时就必须仔细地根据电路原理图来分析发生问题的原因，进一步查明损坏、变值的元器件。

2) 直流稳压电源常见故障检修实例

(1) 有调压而无稳压作用。

在使用稳压电源时，通常先开机预热；然后调节输出电压"粗调"电位器，观察调压作用和调节范围是否正常；最后调节到所需要的电源电压值，并接上负载。如果空载时电压正常，但接上负载后输出电压即下降，若排除外电路故障的可能性，此时的故障应是稳压电源失去稳压作用。

检修时可用万用表测定大功率调整管的集电极与发射极之间的通断情况。如发现不了问题，可进一步检查整流二极管是否损坏；只要有一只整流管损坏，全波整流就变成半波整流。空载时，大容量的滤波电容仍能提供足够的整流输出电压，以保证稳压输出的调压功能。接上负载以后，整流输出电压立即下降，稳压输出端的电压也随之下降，失去稳压作用。

(2) 输出电压过高，无调压、稳压作用。

晶体管直流稳压电源在空载情况下，若输出电压过大，超过规定值，并且无调压和稳压作用，则故障可能发生在：

① 复合调整管之一的集电极与发射极击穿短路，整流输出的电压直接通过短路的晶体管加到稳压输出端，且不受调压和稳压的控制。

② 取样放大管的集电极或发射极断开，复合调整管直接处于辅助电源的负电压作用下，基极电流很大，使调整管的发射极与集电极之间的内阻变得很小，整流输出的电压直接加到稳压输出端。

若三端集成稳压器直流稳压电源在空载情况下，输出电压大，超过规定值，并且无调压和稳压作用，则故障可能由于集成稳压器输入/输出击穿短路造成，整流输出的电压直接通过短路的集成稳压器加到稳压输出端，且不受调压和稳压的控制。

(3) 各挡电压输出都很小并无调压作用。

故障可能发生在：

① 主整流器无整流电压输出。

② 上辅助电源的电压为零，造成调整管不工作。

③ 取样放大管的 c-e 极反向击穿短路，造成调整管不工作。

④ 三端集成稳压器断路等。

1.1.5　项目归档

通常，一个好的产品项目主要经历设计、调试和项目归档三个阶段。从时间分配上来说，大概各占三分之一时间。因此，项目文档整理及存档是每个工程师或学徒必须掌握的技能。

1. 总体要求

项目归档不是简单文档的堆积，它是项目开发、管理过程中形成的具有保存价值的各种形式的历史记录，包括项目评估、立项、开发设计、调试、验收整个过程中所形成的大量文件材料。因此，项目归档的总体要求是：整理存档后的项目文档是能指导他人完成多路输出线性电源开发的指导性文件。

2. 内容要求

(1) 完成项目评估报告，包括成本分析、进度分析、技术风险分析及市场风险分析等。

(2) 完成设计报告撰写，包括参数设计分析、设计步骤、电路原理图、PCB 布局布板等。

(3) 整理完成测试报告，包括调试过程说明、仪器仪表使用说明、测试数据记录分析、开发问题列表等。

(4) 分析项目测试现象及可能采取的措施，总结实验中所遇到的故障、原因及排除故障情况。

(5) 完成项目结题报告，通过分析测试结果，判断项目是否符合设计需求。如符合设计需求，应同时完成产品使用说明、总结报告等文档。

1.1.6　绩效考核

在项目实践中，可参考企业绩效考核制度对学生进行评价与考核，以提升学生的项目实践技能，培养学生良好的职业素养。

具体绩效/发展考核标准如表 1.1.9 所示。

项目名称：多路输出线性电源

表 1.1.9 绩效/发展考核表

姓名		学号		考核日期		考核人	
考核项目	评分标准(自评者填第1格，教师(主管)填第2格)						评价说明
	优秀 20	良好 17~19	一般水准 13~16	需改进 8~12	急需改进 0~7		
态度意愿	1.___ 2.___ ① 工作态度非常积极，主动性高，具正面影响他人的能力; ② 愿意接受挑战，承担更大的责任与压力	1.___ 2.___ ① 工作态度佳，配合度高; ② 乐于接受老师所布置任务，可承受压力	1.___ 2.___ ① 愿意配合工作安排; ② 完全按照老师指示完成任务，尚愿意承受压力	1.___ 2.___ ① 被动，积极性不高，配合度尚可; ② 不愿承担工作及学习的责任与压力	1.___ 2.___ ① 对自己工作与学习关心不足，易推卸责任; ② 不愿服从老师的指导		
专业技能	1.___ 2.___ ① 深具专业知识与技能; ② 能完整分析专业领域的问题并解决	1.___ 2.___ ① 具有相当的专业知识与技能; ② 能分析判断的问题专业领域并解决	1.___ 2.___ ① 具有一般专业知识与技能; ② 具有一般分析、判断能力，可应付问题	1.___ 2.___ ① 专业知识不足; ② 分析、判断能力不足，需进一步训练	1.___ 2.___ ① 专业知识明显不足; ② 缺乏专业领域的分析、判断能力		

续表

考核项目	评分标准(自评者填第1格，教师(主管)填第2格)					评价说明
	优秀 20	良好 17~19	一般水准 13~16	需改进 8~12	急需改进 0~7	
沟通协调	1.___ 2.___ ①擅于表达，能获得他人信任并建立良好的合作关系；②能影响他人，促成团队有效达成目标	1.___ 2.___ ①能具体表达，获得他人的信任与合作；②能高度配合团队合作	1.___ 2.___ ①能自由沟通，得到他人配合；②愿配合团队运作	1.___ 2.___ ①无法进行有效沟通，也无法取得别人信任；②偶有不愿配合他人的情形，只为一己私利	1.___ 2.___ ①不擅表达，不愿与人沟通；②自我为中心，不愿配合团队合作	
问题解决	1.___ 2.___ 能有效分析与解决问题，并能防止问题再次发生	1.___ 2.___ 能分析问题并找出解决方法	1.___ 2.___ 对于所遇到的问题，需寻求他人指导才能解决	1.___ 2.___ 无法有效解决问题，需依赖他人协助才能解决	1.___ 2.___ 无法了解问题产生的原因，也不愿处理	
学习发展	1.___ 2.___ 具有高度学习意愿，能配合组织需要，主动有计划地提升个人能力	1.___ 2.___ 具有主动学习的意愿，能配合组织的安排积极发展个人能力	1.___ 2.___ 不排斥个人学习成长机会，愿意参与组织安排的教育训练	1.___ 2.___ 满足现状，不主动提升工作能力	1.___ 2.___ 排斥学习机会，参与教育训练课程意愿低	
考核得分						

备注：

绩效/发展考核分为五个部分(态度意愿、专业技能、沟通协调、问题解决、学习发展)，每个部分占总评成绩的 20%。考核以自我评价和教师评价相结合的方式进行，最终考核成绩由教师核定，并针对每项考核项目的成绩具体提出实例说明原因，以达到公开、公平、有效的效果。

1.1.7 课外拓展——数字万用表的使用与操作

数字万用表是一种多用途的电子测量仪器，一般包含安培计、电压表、欧姆计等功能，有时也称为万用计、多用计、多用电表或三用电表。

数字万用表有用于基本故障诊断的便携式装置，也有放置在工作台的装置，有的分辨率可以达到七位或者八位。

数字万用表的主要功能是对电压、电阻和电流进行测量，主要用于物理、电气、电子等测量领域。本书介绍了万用表用得最多的几种功能，包括电阻的测量，直流、交流电压的测量，直流、交流电流的测量，二极管的测量，三极管的测量。

1. 电阻的测量

1) 测量步骤

(1) 首先将红表笔插入 VΩ 孔，黑表笔插入 COM 孔。

(2) 将量程旋钮打到"Ω"量程挡的适当位置。

(3) 分别将红黑表笔接到电阻两端的金属部分。

(4) 读出显示屏上显示的数据，如图 1.1.18 所示。

2) 注意事项

(1) 注意量程的选择和转换。量程选小了显示屏上会显示"1."，此时应换用较大的量程；反之，量程选大了的话，显示屏上会显示一个接近于"0"的数，此时应换用较小的量程。

(2) 读取正确读数。显示屏上显示的数字再加上挡位选择的单位就是正确读数。要注意的是在"200"挡时单位是"Ω"，在"2k～200k"挡时单位是"kΩ"，在"2M～2000M"挡位时单位是"MΩ"。

图 1.1.18 电阻测量

(3) 如果被测电阻值超出所选择量程的最大值，将显示过量程"1"，此时应选择更高的量程。对于大于 1 MΩ 或更高的电阻，要几秒钟后读数才能稳定，这是正常的。

(4) 没有连接好时(例如开路情况)，仪表会显示"1"。

(5) 检查被测线路的阻抗时，要保证移开被测线路中的所有电源，使所有电容放电。在被测线路中如有电源和储能元件，会影响线路阻抗测试的正确性。

(6) 万用表的 200 MΩ 挡位在短路时有 1.0 的读数。测量一个电阻时，应从测量读数中减去这 1.0 的误差。如测一个电阻时，若显示为 101.0，应从 101.0 中减去 1.0，被测元件的实际阻值为 100.0，即 100 MΩ。

2. 直流电压的测量

1) 测量步骤

(1) 将红表笔插入 VΩ 孔。

(2) 黑表笔插入 COM 孔。

(3) 将量程旋钮打到"V–"挡的适当位置。

(4) 读出显示屏上显示的数据，如图 1.1.19 所示。

2) 注意事项

(1) 把旋钮选到比估计值大的量程挡(注意：直流挡是 V–，交流挡是 V~)，接着把表笔接电源或电池两端，并保持接触稳定。数值可以直接从显示屏上读取。

(2) 若显示为"1."，则表明量程太小，要加大量程后再测量。

图 1.1.19 直流电压测量

(3) 若在数值左边出现"–"，则表明表笔极性与实际电源极性相反，此时红表笔接的是负极。

3. 交流电压的测量

1) 测量步骤

(1) 将红表笔插入 VΩ 孔。

(2) 黑表笔插入 COM 孔。

(3) 将量程旋钮打到"V~"挡的适当位置。

(4) 读出显示屏上显示的数据，如图 1.1.20 所示。

2) 注意事项

(1) 表笔插孔与直流电压的测量一样，不过应该将旋钮打到交流挡"V~"处所需的量程即可。

(2) 交流电压无正负之分，测量方法跟直流电压测量方法相同。

图 1.1.20 交流电压测量

(3) 无论测交流还是直流电压，都要注意人身安全，不要随便用手触摸表笔的金属部分。

4. 直流电流的测量

1) 测量步骤

(1) 断开电路。

(2) 将黑表笔插入 COM 孔，红表笔插入 mA 或者 20 A 孔。

(3) 将功能旋转开关打至"A–(直流)"挡位，并选择合适的量程。

(4) 断开被测线路，将数字万用表串联入被测线路中。在被测线路中，电流从一端流入红表笔，经万用表黑表笔流出，再流入被测线路中。

(5) 接通电路。

(6) 读出 LCD 显示屏上的数字，如图 1.1.21 所示。

2) 注意事项

(1) 估计电路中电流的大小。若测量大于 200 mA 的电流，则要将红表笔插入"10A"孔并将旋钮打到直流"10A"挡；若测量小于 200 mA 的电流，则将红表笔插入"200mA"孔，将旋钮打到直流 200 mA 以内的合适量程。

(2) 将万用表串进电路中，保持稳定即可读数。若显示为"1."，那么就要加大量程；如果在数值左边出现"–"，则表明电流从黑表笔流进万用表。

图 1.1.21　直流电流测量

5. 交流电流的测量

1) 测量步骤

(1) 断开电路。

(2) 将黑表笔插入 COM 孔，红表笔插入 mA 或者 20 A 孔。

(3) 将功能旋转开关打至"A~(交流)"挡，并选择合适的量程。

(4) 断开被测线路，将数字万用表串联入被测线路中。在被测线路中，电流从一端流入红表笔，经万用表黑表笔流出，再流入被测线路中。

(5) 接通电路。

(6) 读出 LCD 显示屏上的数字，如图 1.1.22 所示。

2) 注意事项

(1) 测量方法与直流相同，不过挡位应该打到交流挡位。

(2) 电流测量完毕后应将红笔插回 VΩ 孔，若

图 1.1.22　交流电流测量

忘记这一步而直接测电压，会烧毁万用表。

(3) 如果使用前不知道被测电流的范围，将功能开关置于最大量程并逐渐下降。

(4) 如果显示器只显示"1."，表示过量程，功能开关应置于更高量程。

(5) 200 mA 挡表示最大输入电流为 200 mA，过量的电流将烧坏保险丝，应再更换。20 A 量程无保险丝保护，测量时间不能超过 15 s。

6. 电容的测量

1) 测量步骤

(1) 将电容两端短接，对电容进行放电，确保数字万用表的安全。

(2) 将功能旋转开关打至电容"F"测量挡，并选择合适的量程。

(3) 将电容插入万用表 CX 插孔。

(4) 读出 LCD 显示屏上的数字，如图 1.1.23 所示。

图 1.1.23　电容测量

2) 注意事项

(1) 测量前电容需要放电，否则容易损坏万用表。

(2) 测量后也要放电，避免埋下安全隐患。

(3) 仪器本身已对电容挡设置了保护，故在电容测试过程中不用考虑极性及电容充放电等情况。

(4) 测量电容时，将电容插入专用的电容测试座中(不要插入表笔插孔 COM、VΩ 中)。

(5) 测量大电容时，稳定读数需要一定的时间。

(6) 电容的单位换算：$1\ \mu F = 10^6\ pF$，$1\ \mu F = 10^3\ nF$。

7. 二极管的测量

1) 测量步骤

(1) 将红表笔插入 VΩ 孔，黑表笔插入 COM 孔。

(2) 将转盘打在(—▷—)挡。

(3) 判断正负极。

(4) 红表笔接二极管正极，黑表笔接二极管负极。

(5) 读出 LCD 显示屏上的数据，如图 1.1.24 所示。

(6) 两表笔换位，若显示屏上为"1"，说明正常；否则说明此管被击穿。

图 1.1.24　二极管测量

2) 注意事项

(1) 二极管好坏的判断方法为：红表笔插入 VΩ 孔，黑表笔插入 COM 孔。转盘打在(—▷—)挡，然后调换表笔再测一次。如果两次测量的结果是：一次显示"1"字样，另一次显示零点几的数字，那么此二极管就是一个正常的二极管。假如两次显示都相同的话，那么此二极管已经损坏。

(2) 二极管正负极的判断：测试二极管极性时，LCD 上显示的数字即是二极管的正向压降，一般硅材料为 0.6 V 左右，锗材料为 0.2 V 左右。根据二极管的特性，如果 LCD 上显示 0.6 V 或 0.2 V 字样时，可以判断此时红表笔接的是二极管的正极，而黑表笔接的是二极管的负极；如果显示"1."字样，则相反。

8. 三极管的测量

1) 测量步骤

(1) 将红表笔插入 VΩ 孔，黑表笔插入 COM 孔。

(2) 转盘打在(—▷—)挡。

(3) 找出三极管的基极 b。

(4) 判断三极管的类型(PNP 或者 NPN)。

(5) 将转盘打在 hFE 挡。

(6) 根据类型插入 PNP 或 NPN 插孔测 β。

(7) 读出显示屏上的 β 值，如图 1.1.25 所示。

图 1.1.25 三极管测量

2) 注意事项

(1) e、b、c 管脚的判定：表笔插位同上，其原理同二极管。先假定 A 脚为基极，用黑表笔与该脚相接，红表笔与其他两脚分别接触；若两次读数均为 0.7 V 左右，然后再用红笔接 A 脚，黑笔接触其他两脚，若均显示"1"，则 A 脚为基极；否则需要重新测量，且此管为 PNP 管。

(2) 集电极和发射极的判断：先将挡位打到"HFE"挡，可以看到挡位旁有一排小插孔，分为 PNP 和 NPN 管的测量。前面已经判断出管型，将基极插入对应管型"b"孔，其余两脚分别插入"c""e"孔，此时显示屏上的数值即 β 值；再固定基极，将其余两脚对调，比较两次读数，读数较大时插入表面的"c""e"管脚分别为三极管实际的集电极和发射极。

9. 数字万用表使用时的注意事项

(1) 如果无法预先估计被测电压或电流的大小，则应先拨至最高量程挡测量一次，再视情况逐渐把量程减小到合适位置。测量完毕时，应将量程开关拨到最高电压挡，并关闭电源。

(2) 满量程时，仪表仅在最高位显示数字"1."，其他位均消失，这时应选择更高的量程。

(3) 测量电压时应将数字万用表与被测电路并联，测电流时应与被测电路串联，测直流量时不必考虑正、负极性。

(4) 当误用交流电压挡去测量直流电压或者误用直流电压挡去测量交流电时，显示屏将显示"000"，或低位上的数字出现跳动。

(5) 禁止在测量高电压(220 V 以上)或大电流(0.5 A 以上)时换量程，以防止产生电弧，烧毁开关触点。

(6) 当万用表的电池电量即将耗尽时，液晶显示器左上角会出现电池电量低提示。此时若仍进行测量，测量值会比实际值偏高。

1．在单相半波整流电路中，所用整流二极管的数量是(　　)。

(a) 4 只　　　　(b) 2 只　　　　(c) 1 只　　　　(d) 3 只

2．在整流电路中，设整流电流平均值为 I_0，则流过每只二极管的电流平均值 $I_D = I_0$ 的电路是(　　)。

(a) 单相桥式整流电路　　　(b) 单相半波整流电路　　　(c) 单相全波整流电路

3．整流电路如图 1.1.26 所示，变压器副边电压有效值为 U_2，二极管 D 所承受的最高反向电压是(　　)。

(a) U_2　　　　　(b) $\sqrt{2}U_2$　　　　　(c) $2\sqrt{2}U_2$

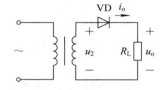

图 1.1.26　思考题 3 图

4．设整流变压器副边电压 $U_2 = \sqrt{2}U_2\sin\omega t$，欲使负载上得到如图 1.1.27 所示的整流电压的波形，则需要采用的整流电路是(　　)。

(a) 单相桥式整流电路　　　(b) 单相全波整流电路　　　(c) 单相半波整流电路

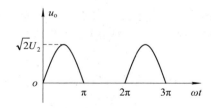

图 1.1.27　思考题 4 图

5．整流电路如图 1.1.28 所示，设变压器副边电压有效值为 U_2，输出电流平均值为 I_0。二极管承受最高反向电压为 $\sqrt{2}U_2$，通过二极管的电流平均值为 $\frac{1}{2}I_0$ 且能正常工作的整流电路是图 1.1.28 中的(　　)。

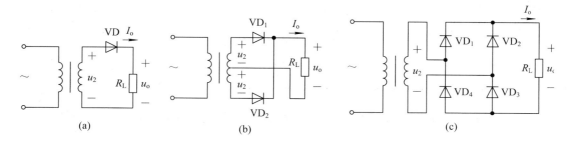

图 1.1.28　思考题 5 图

6. 整流电路如图 1.1.29 所示，输出电流平均值 $I_o = 50$ mA，则流过二极管的电流平均值 I_D 是(　　)。

(a) $I_D = 50$ mA

(b) $I_D = 25$ mA

(c) $I_D = 12.5$ mA

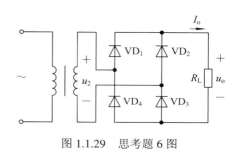

图 1.1.29　思考题 6 图

7. 整流电路如图 1.1.30 所示，设二极管为理想元件，已知变压器副边电压 $U_2 = \sqrt{2}U_2 \sin\omega t$ V，若二极管 U_1 因损坏而断开，则输出电压 U_o 的波形应为图(　　)。

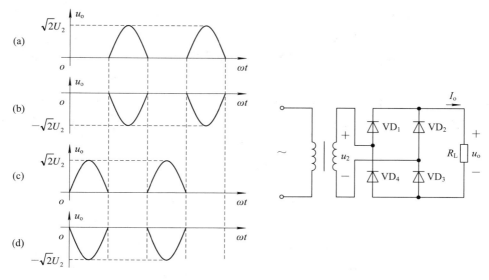

图 1.1.30　思考题 7 图

8. 整流电路如图 1.1.31 所示，变压器副边电压有效值 U_2 为 25 V，输出电流的平均值 $I_o = 12$ mA，则二极管应选择(　　)。

		整流电流平均值	反向峰值电压
(a)	2AP2	16 mA	30 V
(b)	2AP3	25 mA	30 V
(c)	2AP4	16 mA	50 V
(d)	2AP6	12 mA	100 V

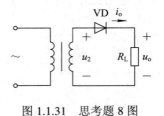

图 1.1.31　思考题 8 图

9. 直流电源电路如图 1.1.32 所示，用虚线将它分成四个部分，其中滤波环节是指图中( )。

    (a) (1)   (b) (2)   (c) (3)   (d) (4)

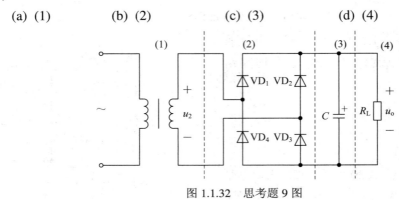

图 1.1.32　思考题 9 图

10. 电容滤波器的滤波原理是电路状态改变时，其( )。

(a) 电容的数值不能跃变

(b) 通过电容的电流不能跃变

(c) 电容的端电压不能跃变

11. 在单相半波整流、电容滤波电路中，设变压器副边电压有效值为 U_2，则通常取输出电压平均值 U_o 等于( )。

(a) U_2 (b) $1.2U_2$ (c) $\sqrt{3}U_2$

12. 整流滤波电路如图 1.1.33 所示，当开关 S 断开时，在一个周期内二极管的导通角 θ 为( )。

(a) 180°   (b) 360°   (c) 90°   (d) 0°

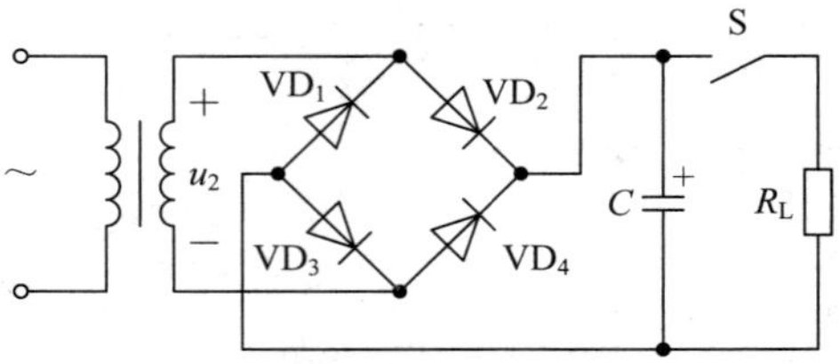

图 1.1.33　思考题 12 图

13. 整流滤波电路如图 1.1.34 所示，负载电阻 R_L 不变，电容 C 愈大，输出电压平均值 U_o 应( )。

(a) 不变　　　　(b) 愈大　　　　(c) 愈小

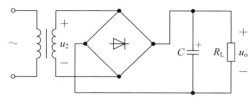

图 1.1.34　思考题 13 图

14．在单相半波整流、电容滤波电路中，设变压器副边电压有效值为 U_2，则整流二极管承受的最高反向电压为(　　)。

(a) $2\sqrt{2}U_2$　　　　　　(b) $\sqrt{2}U_2$　　　　　　(c) U_2

15．整流滤波电路如图 1.1.35 所示，变压器副边电压有效值 10 V，开关 S 打开后，电容器两端电压的平均值 U_C 是(　　)。

(a) 12 V　　　　(b) 20 V　　　　(c) 14.14 V　　　　(d) 23.28 V

16．整流滤波电路如图 1.1.36 所示，变压器副边电压有效值 10 V，开关 S 打开后，二极管承受的最高反向电压是(　　)。

(a)　10 V　　　　(b)　12 V　　　　(c)　14.14 V　　　　(d)　23.28 V

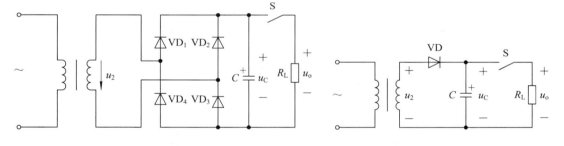

图 1.1.35　思考题 15 图　　　　　　　　图 1.1.36　思考题 16 图

17．直流电源电路如图 1.1.37 所示，用虚线将它分成了五个部分，其中稳压环节是指图中的(　　)。

(a) (2)　　　　(b) (3)　　　　(c) (4)　　　　(d) (5)

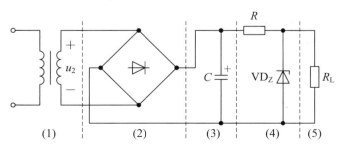

图 1.1.37　思考题 17 图

18. 稳压管稳压电路如图 1.1.38 所示，电阻 R 的作用是(　　)。

(a) 稳定输出电流

(b) 抑制输出电压的脉动

(c) 调节电压和限制电流

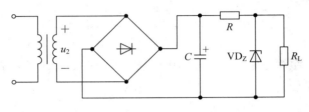

图 1.1.38　思考题 18 图

19. 稳压电路如图 1.1.39 所示，稳压管的稳定电压是 5.4 V，正向压降是 0.6 V，输出电压 $U_o = 6$ V 的电路是(　　)。

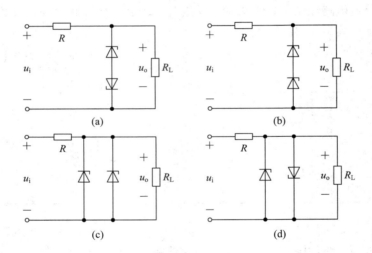

(a)　　　　　　　　　　(b)

(c)　　　　　　　　　　(d)

图 1.1.39　思考题 19 图

20. 电路如图 1.1.40 所示，三端集成稳压器电路是指图(　　)。

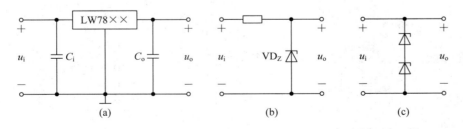

(a)　　　　　　　　(b)　　　　　　　　(c)

图 1.1.40　思考题 20 图

21. 三端集成稳压器的应用电路如图 1.1.41 所示，该电路可以输出(　　)。

(a) ±9 V　　　　　　(b) ±5 V　　　　　　(c) ±15 V

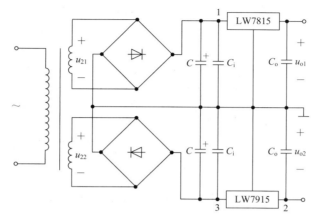

图 1.1.41　思考题 21 图

22. 整流电路如图 1.1.42 所示，流过负载 R_L 的电流平均值为 I_o，则变压器副边电流的有效值为(　　)。

(a) $1.57I_o$　　　(b) $0.79I_o$　　　(c) $1.11I_o$　　　(d) $0.82I_o$

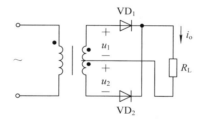

图 1.1.42　思考题 22 图

23. 整流电路如图 1.1.43(a)所示，二极管为理想元件，变压器副边电压有效值 U_2 为 10 V，负载电阻 $R_L = 2\ k\Omega$，变压器变比 $k = N_1/N_2 = 10$。

(1) 求负载电阻 R_L 上电流的平均值 I_o；

(2) 求变压器原边电压有效值 U_1 和变压器副边电流的有效值 I_2；

(3) 变压器副边电压 u_2 的波形如图 1.1.43(b)所示，试定性画出 u_o 的波形。

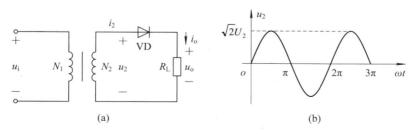

图 1.1.43　思考题 23 图

24．图 1.1.44 所示电路中，二极管为理想元件，u_i 为正弦交流电压，已知交流电压表
(V_1)的读数为 100 V，负载电阻 $R_L = 1\ \text{k}\Omega$，求开关 S 断开和闭合时，直流电压表(V_2)和电流
表(A)的读数。(设各电压表的内阻为无穷大，电流表的内阻为零)

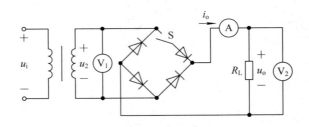

图 1.1.44　思考题 24 图

25．各整流电路及变压器副边电压 u_2 的波形如图 1.1.45 所示，二极管是理想元件。
要求：

(1) 定性画出各整流电路 u_o 的波形。

(2) 变压器副边电压 u_2 的有效值均为 24 V，计算各整流电路中二极管承受的最高反向
电压。

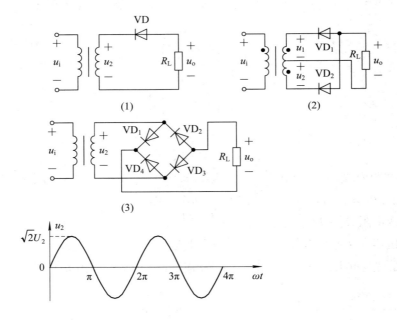

图 1.1.45　思考题 25 图

26．整流电路如图 1.1.46 所示，二极管为理想元件，u_{21}、u_{22} 均为正弦波，其有效值均
为 20 V。要求：

(1) 标出负载电阻 R_{L1}、R_{L2} 上电压的实际极性；

(2) 分别定性画出 R_{L1}、R_{L2} 上电压 u_{o1} 和 u_{o2} 的波形图；

（3）求 R_{L1}、R_{L2} 的电压平均值 U_{o1} 和 U_{o2}。

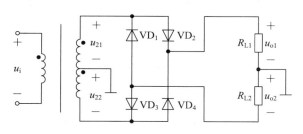

图 1.1.46　思考题 26 图

27. 整流滤波电路如图 1.1.47 所示，负载电阻 $R_L = 100\ \Omega$，电容 $C = 500\ \mu F$，变压器副边电压有效值 $U_2 = 10\ V$，二极管为理想元件，试求输出电压和输出电流的平均值 U_o、I_o 及二极管承受的最高反向电压 U_{DRM}。

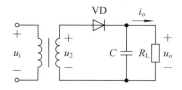

图 1.1.47　思考题 27 图

28. 整流滤波电路如图 1.1.48 所示，二极管为理想元件，已知负载电阻 $R_L = 400\ \Omega$，负载两端的直流电压 $u_o = 60\ V$，交流电源频率 $f = 50\ Hz$。要求：

（1）在表 1 中选出合适型号的二极管；

（2）计算出滤波电容器的电容。

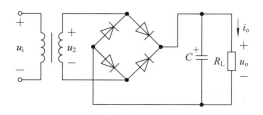

图 1.1.48　思考题 28 图

表 1　思考题 28 表

型　号	最大整流电流平均值/mA	最高反向峰值电压/V
2CP11	100	50
2CP12	100	100
2CP13	100	150

29. 整流滤波电路如图 1.1.49 所示，二极管是理想元件，电容 $C = 500\ \mu F$，负载电阻 $R_L = 5\ k\Omega$，开关 S_1 闭合、S_2 断开时，直流电压表(V)的读数为 141.4 V，求：

(1) 开关 S_1 闭合、S_2 断开时，直流电流表(A)的读数；

(2) 开关 S_1 断开、S_2 闭合时，直流电流表(A)的读数；

(3) 开关 S_1、S_2 均闭合时，直流电流表(A)的读数。(设电流表内阻为零，电压表内阻为无穷大)。

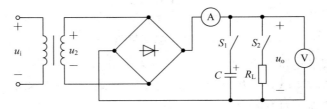

图 1.1.49　思考题 29 图

30. 单相桥式整流电容滤波电路的外特性曲线如图 1.1.50 所示，其中 U_2 为整流变压器副边电压有效值，试分别定性画出 A、B、C 三点所对应的输出电压 u_o 的波形图。

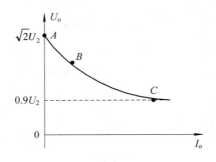

图 1.1.50　思考题 30 图

31. 整流滤波电路如图 1.1.51 所示，已知 $U_1 = 30$ V，$U_o = 12$ V，$R = 2\ k\Omega$，$R_L = 4\ k\Omega$，稳压管的稳定电流 $I_{zmin} = 5$ mA 与 $I_{zmax} = 18$ mA。试求：

(1) 通过负载和稳压管的电流；

(2) 变压器副边电压的有效值；

(3) 通过二极管的平均电流和二极管承受的最高反向电压。

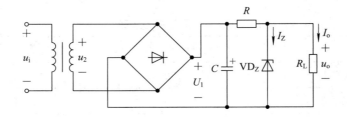

图 1.1.51　思考题 31 图

32．如何测量稳压电源的输出电阻？

33．使用稳压器时应注意什么？

34．开发稳压电源的基本流程是什么？

35．电路如图 1.1.52 所示，要求：

(1) 分别标出 u_{o1} 和 u_{o2} 对地的极性；

(2) u_{o1}、u_{o2} 分别是半波整流还是全波整流？

(3) 当 $u_{21} = u_{22} = 20$ V 时，$u_{o1}(AV)$ 和 $u_{o2}(AV)$ 各为多少(AV 代表平均值)？

(4) 当 $u_{21} = 18$ V，$u_{22} = 22$ V 时，画出 u_{o1}、u_{o2} 的波形，并求出 $u_{o1}(AV)$ 和 $u_{o2}(AV)$ 各为多少？

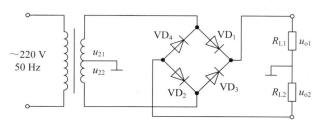

图 1.1.52 思考题 35 图

1.2 项目——智能充电器的制作

(1) 通过项目的开发制作，掌握智能充电器的工作原理。

(2) 掌握智能充电器电路的设计与调试方法。

(3) 熟悉常用半导体器件的特点，学会合理选择使用。

1.2.1 项目需求

1. 项目概述

在电子技术高速发展的今天，人们对于电子产品的价格、体积、智能化程度要求越来越趋高。而这些微型电子产品大多依靠电池供电，因此微型便携式电子产品的发展与普及为电池的大量使用提供了广阔的市场前景。近年来，随着技术的日趋成熟，可充电电池以迅雷不及掩耳之势取代了不可充电电池的市场。可充电电池不但可以对耗电量大的设备提供持续的电力供应，而且可以减少环境污染。现在市面上的可充电电池种类有镍氢、镍镉、铅蓄电池、锂电池。其中，镍镉电池由于重金属镉的污染问题和记忆效应等缺点，已逐渐被其他可充电池所取代。

可充电电池的普及给人们出差办公、外出旅游等日常社交活动提供了很大的便利，但又提出了新的技术难题，那就是对电池充电器的技术要求则越来越高。由于各种电池充电特性不同，各有利弊，导致他们同时存在于市面上，各种类型的充电器也相应而生。市售充电器价格一般在几元到几十元之间，充电时间长，充电电流小，没有保护能力。这些设计缺陷对充电电池有极大的危害，会缩短电池的使用寿命。因此，我们设计充电器的原则以适用和满足需求为前提，尽量采用常用的电子元器件，避免使用昂贵的集成电路芯片，既便于制作，同时又要降低成本。

2. 项目功能

(1) 可对镍氢电池充电。

(2) 具有过流保护功能。

(3) 采用分立器件，能在万能板上手工布线实现。

(4) 采用工频变压器实现变压，电路简单，易实现。

(5) 具有限流充电、涓流充电及充满自停功能。

(6) 具有过压保护功能

3. 技术参数

(1) 额定工作电压：$220(1 \pm 20\%)V$。

(2) 输出直流电压：$1.5\ V$。

(3) 最大输出电流：$I_{omax} = 400\ mA$。

(4) 纹波电压$\leqslant 5\ mV$。

(5) 工作环境温度：$-10℃ \sim +80℃$。

1.2.2 项目评估

1. 方案可行性论证

锂电池、镍氢电池等可充电电池在生活中应用非常广泛，但往往因为充电不当，而使电池过早夭折。因此，价廉、实用、高效和环保将是充电器设计的关键。

现实中，虽然充电电池种类众多，但它们的充电器原理和功能基本一样，电路结构大同小异。所有充电器其实都是由一个稳定电源加上必要的恒流、限压、限时等控制电路构成的。

根据项目需求，项目可以采取单片机控制方案和纯硬件方法实现。单片机控制方案智能化程度高，但成本较高，实用性和经济性较差。纯硬件方法由常用的变压模块、稳压模块、保护模块等组成，所有器件均采用常见分立器件，价廉、实用，且兼顾了高效和环保。因此，本项目选择纯硬件实现方法，其功能框图如图 1.2.1 所示。

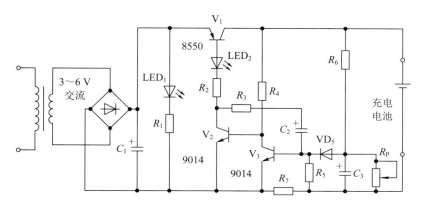

R_1: 1 kΩ; R_2: 470 Ω; R_3: 1 kΩ; R_5: 10 kΩ; R_6: 10 kΩ; R_7: 1 Ω; R_P: 30 kΩ;
C_1: 470 μF; C_2: 1 μF; C_3: 100 μF; VD_1: 4148; V_1: 8550

图 1.2.1 智能充电器原理图

2. 方案工作原理

本着节约资源和保护环境的出发点，此充电器采用分立元件，电路简单而又典型，经济且实用，既有利于提高实践制作的技能，又是一项用途广泛的产品，其电路图如图 1.2.1 所示。电路主要由变压、整流滤波、电源指示、稳压调整、保护电路等部分组成。

1) 工频变压电路

在充电器电路中，输入电源均为市电，要变换成直流充电电源，必须加变压、整流滤波等电路。对于充电器来说，输入端均接 220 V 交流电，中间电压变换部分可以用高压整流滤波，再经开关电源实现；也可通过低频变压，再经低压整流滤波及加调整管稳压实现。电池充电器功率小，成本要求较高，因此本书选择后者。

低频变压即通常说的工频变压，由工频变压器实现。变压器是一种改变交流电源的电压、电流而不改变频率的静止电气设备。它具有两个(或几个)绕组，在相同频率下，通过电磁感应将一个系统的交流电压和电流转换为另一个(或几个)系统的交流电压和电流，以传送电能。通常，它所连接的至少两个系统的交流电压和电流值是不相同的。图 1.2.2 给出了其示意图。

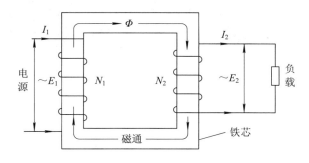

图 1.2.2 变压器绕组结构

当电源电压加入后，原线圈将有电流流过，即 I_0 在铁芯中产生磁通 Φ_0；磁通穿过副线圈时，感应出电动势 E_2。

如果低压侧接入负载，将产生电流 I_2，同时电流 I_2 产生磁通 Φ_2，又在原线圈产生 I_1；电流 I_1 产生磁通 Φ_1，$\Phi_2 = -\Phi_1$。这样，在负载运行时，铁芯中仍然只存在 Φ_0。当然，还有一部分磁通没有经过铁芯进行闭合，形成了漏磁通，也产生了感应电势。

变压器应用的重要公式为

$$\frac{U_1}{U_2} = \frac{N_1}{N_2} = k \, , \quad \frac{I_1}{I_2} = \frac{N_2}{N_1} = \frac{1}{k} \tag{1.2.1}$$

式中：U_1 为原绕组的感应电势有效值；U_2 为副绕组的感应电势有效值；N_1 为原绕组的匝数；N_2 为副绕组的匝数。

由式(1.2.1)可以看出，电压比等于匝数比，电流比等于匝数比的倒数。

就目前大的方向来说，在电力系统上，变压器主要用于传输电能。为了克服输出电能过程中的损耗，就要尽可能提高传输电压，而到达用户终端的时候又需要降低电压。变压器的作用就在于此。

工频一般指市电的频率，在我国是 50 Hz，其他国家也有 60 Hz 的。可以改变这个频率交流电电压的变压器，就称为工频变压器。

工频变压器也被大家称为低频变压器，以便与开关电源用的高频变压器区别开来。工频变压器在过去传统的电源中大量使用，而这些电源的稳定方式又是采用线性调节的，所以传统的电源又被称为线性电源。常用的小功率工频变压器样品如图 1.2.3 所示。

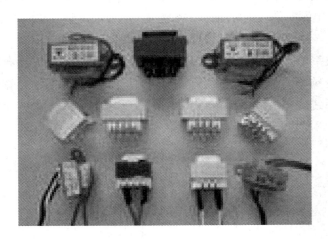

图 1.2.3 工频变压器

2) 整流滤波电路

小功率电子产品基本上均接入单相交流电，因此本书仅介绍单相整流滤波电路。整流电路根据器件的可控性又可分为不可控整流、半可控整流、全控整流电路。实际应用中一般选择成本低、简单易用的单向导电器件(二极管)不可控整流电路。

(1) 单相半波整流电路。

单相半波整流电路仅由一个二极管及负载组成，如图 1.2.4 所示。设电源电压的正弦波为

$$u_i = \sqrt{2}U \sin \omega t \qquad (1.2.2)$$

其电压波形如图 1.2.5(a)所示。输出端仅在正弦电压的正半周有输出，如图 1.2.5(b)所示。输出直流电压 U_o 在一个周期内的平均值为

$$u_o = \frac{1}{2\pi} \int_0^\pi \sqrt{2}U \sin \omega t \, \mathrm{d}(\omega t) = \frac{\sqrt{2}}{\pi}U = 0.45U \qquad (1.2.3)$$

通过二极管的电流和负载电流一样，为

$$I_D = I_o = \frac{U_o}{R_L} = \frac{0.45U}{R_L} \qquad (1.2.4)$$

二极管承受的最高反压为交流电压的峰值电压，即

$$U_{RM} = \sqrt{2}U \qquad (1.2.5)$$

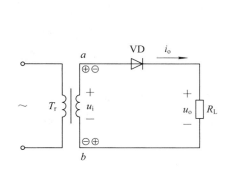

图 1.2.4　单相半波整流电路图

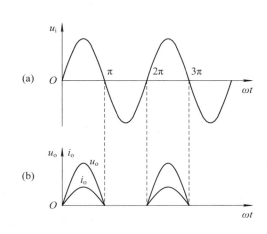

图 1.2.5　单相半波整流电压电流波形

(2) 单相全波整流。

单相半波整流电路结构简单，但只利用了电源的半个周期，存在整流输出电压低、脉动大、变压器利用率低等缺点。实用中，为了克服这些缺点，可采用全波整流电路。其电路结构如图 1.2.6 所示，由四个二极管连接成电桥的形式，也称为单相桥式整流电路。电路的电压和电流波形如图 1.2.7 所示。

全波整流电路输出电压平均值为

$$U_o = \frac{1}{\pi} \int_0^\pi \sqrt{2}U \sin \omega t \, \mathrm{d}(\omega t) = \frac{2\sqrt{2}}{\pi}U = 0.9U \qquad (1.2.6)$$

负载电阻 R_L 中电流的平均值为

$$I_\text{o} = \frac{U_\text{o}}{R_\text{L}} = \frac{0.9U}{R_\text{L}} \tag{1.2.7}$$

通过每个二极管的平均电流是负载平均电流的一半，即

$$I_\text{D} = \frac{I_\text{o}}{2} = \frac{U_\text{o}}{2R_\text{L}} = \frac{0.9U}{2R_\text{L}} = \frac{0.45U}{R_\text{L}} \tag{1.2.8}$$

每个二极管承受的最高反压和半波整流电路一样，为交流电压的峰值。

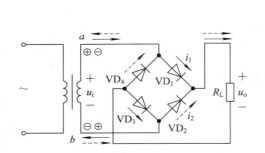

图 1.2.6　单相全波整流电路

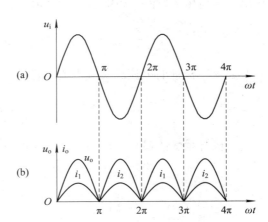

图 1.2.7　单相全波整流电压电流波形

本项目选择全波整流电路。实际应用中，可选择最大电流 $I_\text{DM} > I_\text{D}$ 的整流二极管，二极管的最高额定反压 $U_\text{RRM} > U_\text{RM}$。同时，也可选择由四个整流二极管封装在一起组成的单相整流桥。

常用的小功率整流二极管 1N400 系列如图 1.2.8 所示，其参数如表 1.2.1 所示。其他常用整流二极管参数明细也如表 1.2.1 所示，只是具体参数值不同。实际应用中可根据实际具体选用。

图 1.2.8　1N400 系列整流二极管

表 1.2.1　1N400 系列二极管电气参数

电 气 参 数	符号	器 件 型 号							单位
		1N 4001	1N 4002	1N 4003	1N 4004	1N 4005	1N 4006	1N 4007	
最大可重复峰值反向电压	U_{RRM}	50	100	200	400	600	800	1000	V
最大均方根电压	U_{RMS}	35	70	140	280	420	560	700	V
最大支流阻断电压	U_{DC}	50	100	200	400	600	800	1000	V
最大正向整流平均电流	$I_{F(AV)}$	1.0							A
峰值正向浪涌电流(3.3 ms 单一正弦半波, $T_A = 75℃$)	I_{FSM}	30							A
最大反向峰值电流	$I_{R(AV)}$	30							μA
典型热阻	$R_{θJA}$	65							℃/W
工作结温和存储温度	T_j, T_{STG}	$-50\sim+150$							℃
最大正向电压	U_F	1.1							V
最大反向电流(25℃)	I_R	5.0							μA
典型结电容	C_j	15							pF

整流桥堆如图 1.2.9 所示，大多数的整流全桥上均标注有"+""－"、"~"或"AC"符号(其中"+"为整流后输出电压的正极，"－"为输出电压的负极，两个"~"或"AC"为交流电压输入端)，很容易确定出各电极。

图 1.2.9　KBU608 整流桥堆

全桥整流桥堆的正向电流有 0.5 A、1 A、1.5 A、2 A、2.5 A、3 A、5 A、10 A、20 A、35 A、50 A 等多种规格，耐压值(最高反向电压)有 25 V、50 V、100 V、200 V、300 V、400 V、500 V、600 V、800 V、1000 V 等多种规格。

整流桥堆命名规则为：一般整流桥命名中有 3 个数字，第一个数字代表额定电流，后两个数字代表额定电压(数字×100)V。如 KBL410，电流为 4 A，额定电压为 1000 V。

选择整流桥时要考虑整流电路和工作电压。优质的厂家有"文斯特电子"的 G 系列整流桥堆，进口品牌有 ST、IR 等。

(3) 滤波电路。

如图 1.2.7 所示，整流后的电压是脉动的。这种整流后的脉动直流电压一般达不到用电设备对电能指标的要求，必须在整流电路后端加上滤波电路，将脉动电压变成平滑的、接近于理想的直流电压。滤波电路的形式有多种，作用元件或为电容，或为电感，或两者都用。小功率电源电路一般采用电容进行滤波，具体电路如图 1.2.10 所示。由图 1.2.10 可知，加入滤波电容后，输出电压的谐波分量减少，波形平滑，平均值提高，同时二极管的导通角减小。整流电路在输出电压、功率保证的情况下，用电设备主要是对纹波电压的要求。纹波电压是指滤波电路、稳压电路输出的含有波动电压的直流电压，如图 1.2.10 所示。如果滤波电路输出的纹波电压过大，将导致稳压电路输出纹波电压增大，甚至难以稳压。纹波电压是由整流输出的单相脉动电压对滤波电容 C 的充电、放电过程产生的；在负载不变的条件下，电容 C 的大小决定着纹波电压的高低。可见，电容 C 应依据纹波电压的要求来设计。

加滤波电容后的电路，在接入负载情况下，输出电压为

$$u_\text{o} = 1.2U \tag{1.2.9}$$

在负载固定情况下，电容可用经验公式(1.2.10)进行计算：

$$R_\text{L}C \geqslant (3 \sim 5)\frac{T}{2} \tag{1.2.10}$$

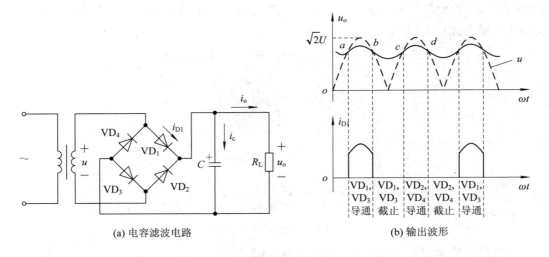

(a) 电容滤波电路   (b) 输出波形

图 1.2.10 电容滤波电路及输出波形

2) 充电控制电路

整流滤波后的电压为不可控直流电。要能对电池充电，必须对整流滤波后的电压电流进行控制。市场上的电动车充电站、蓄电池充电器等智能化程度要求较高的应用，控制部分均由单片机或 DSP 等控制芯片实现。而对于电池充电器等小功率充电装置，充电控制部分均由硬件来实现。如利用 555 芯片产生 PWM 波，从而实现充电电流及电压的控制。本

项目采用三极管、电容等分立器件构成单稳触发器来控制充电电压及电流的大小，如图 1.2.1 所示。

该电路是针对单节镍氢电池设计的。市电通过变压器变压、全桥整流、电容 C_1 滤波后变为直流电。LED1 是电源指示灯，LED2 是充电指示灯，V_1 为充电控制三极管，工作于开关状态；V_2、V_3 和电容 C_2 构成单稳触发器；R_6、R_P 构成限压取样电路，R_7 是限流取样电阻。电路有四种状态，下面具体加以描述：

(1) 待机状态：接通电源后若不接电池，三极管 V_2 会因无基极电压而截止，三极管 V_1 也会截止，无电压输出。此时只有电源指示灯 LED1 发光。

(2) 充电过程：当正确接上充电电池后，三极管 V_2 会因电池的余电而轻微导通，集电极电位下降，V_1 迅速导通，输出电压升高。由于 C_2 是正反馈作用，电路状态迅速达到稳态。此时，V_1、V_2 导通，V_3 截止，电池处于充电状态，充电指示灯 LED2 发光。

(3) 限流充电：如果充电电流大于限定值，限流取样电阻 R_7 两端电压升高，三极管 V_3 的 BE 极间电压高于死区电压，单稳触发器状态被触发，此时 V_3 导通，V_1、V_2 截止，充电停止；而后单稳触发器自动复位，又进入充电状态。这样周而复始地进行脉动充电，充电指示灯 LED2 闪烁。

(4) 充电自停：随着充电的进行，电池两端电压缓慢上升，脉宽变窄，充电电流变小，充电指示灯 LED2 闪烁逐渐变快变暗。待电池接近充满时，二极管 VD_5 导通，V_3 也导通，V_1、V_2 截止，充电通电路断开，结束充电。在实际充电过程中，由于充电静置一会儿后，电池电压会有稍许降低，因而可出现间歇充电现象，但看不到 LED2 闪烁。这种绢流充电方式有利于延长电池寿命。

1.2.3 项目设计

1. 电路参数设计

1) 充电器的设计步骤

充电器设计是指根据充电电源的充电电压 U_o、充电电流 I_o、输出纹波电压 ΔU_{opp} 等性能指标要求，正确地确定出变压器、整流二极管、滤波电路、充电控制电路中所用元器件的性能参数，从而合理地选择这些器件。

任何一个电路的开发设计均应遵循一定的步骤和方法，从而有效提高开发效率和产品成功率。充电器的设计一般可以分为以下三个步骤：

(1) 根据充电电源的输出电压 U_o、充电电流 I_o 确定充电功率主电路的形式及元器件型号。

(2) 根据稳压器的输入电压 U_i 确定电源变压器副边电压 u_2 的有效值 U_2；根据充电电源的最大输出电流 I_{omax}，确定流过电源变压器副边的电流 I_2 和电源变压器副边的功率 P_2；根据 P_2 查出变压器的效率 η，从而确定电源变压器的原边功率 P_1；然后根据所确定的参数选择电源变压器。

(3) 确定整流二极管的正向平均电流 I_D、整流二极管的最大反向电压 U_{RM}、滤波电容的电容值和耐压值，然后根据所确定的参数选择整流二极管和滤波电容。

项目性能指标基本要求为 $U_o = 1.5\ V$，$I_{omax} = 150\ mA$。

2) 充电器设计的计算过程

设计计算过程如下：

(1) 选择功率三极管，确定电路形式。

项目基本要求是能对单节镍氢电池充电，即 1.5 V 充电电压，最大充电电流 150 mA。

具体电路形式如图 1.2.1 所示。由于整流后的稳压为 6 V 左右，输出电压为 1.5 V，充电电流为 500 mA，因此充电控制三极管 V_1 选 8550 型号；V_2、V_3 单稳态产生三极管可选 9014 等型号小功率三极管；二极管 VD_5 要选快恢复二极管，型号为 4148，以便产生高频 PWM 控制信号。

(2) 确定电源变压器的参数。

变压器的副边电压有效值 $U_2 = 6\ V$，可求得整流滤波电路的等效负载

$$R'_L = \frac{U_2}{I_o} = \frac{6}{0.15} = 40\ \Omega$$

考虑到多节电池充电，变压器副边输出功率

$$P_2 \geq U_2 \times I_o = 6\ V \times 0.5\ A = 3\ W$$

由表 1.1.1 可得变压器的效率 $\eta = 0.6$，则原边输入功率 $P_1 \geq \dfrac{P_2}{\eta} = 5\ W$。实际应用中选功率为 10 W 的电源变压器。

(3) 确定桥式整流二极管的参数。

二极管的最大反向电压应满足 $U_{RM} > \sqrt{2}U_2 = 1.414 \times 6 = 8.5\ V$，正向平均电流应满足 $I_F \geq \dfrac{1}{2} I_o = 0.25\ A$。因此整流二极管($VD_1$、$VD_2$、$VD_3$、$VD_4$)可选 1N4001。

(4) 确定滤波电容的参数。

由式(1.2.10)可知

$$C \geq \frac{(3 \sim 5)\dfrac{T}{2}}{R'_L} = \frac{(3 \sim 5)\dfrac{1}{2} \times 20 \times 10^{-3}}{40}\ F = 750 \sim 1250\ \mu F$$

取 $C = 1000\ \mu F$，电容器耐压 $U_{CM} \geq \sqrt{2}U_2 = 8.5\ V$，故电容器参数为 C：1000 μF / 25 V 或 1000 μF / 50 V。

2. 电路仿真

验证电路设计是否合理，仿真是一种有效手段。开发时，可在 Multisim 软件中建立如图 1.2.11 所示的仿真模型，通过仿真手段抓取电路波形，检验电路是否能正常工作，以有

效提高开发效率，降低开发成本。图 1.2.12、1.2.13、1.2.14、1.2.15 分别给出了输入 220 V 交流电的波形、降压后交流电压的波形、整流负端滤波输出滤波后的电压波形、充电直流输出的波形。

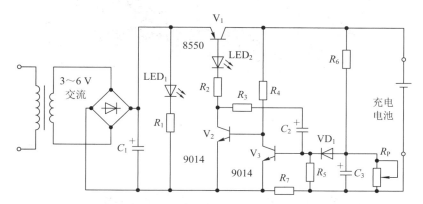

R_1：1 kΩ；R_2：470 Ω；R_3：1 kΩ；R_5：10 kΩ；R_6：10 kΩ；R_7：1 Ω；R_P：30 kΩ；C_1：470 μF；C_2：1 μF；C_3：100 μF；VD_1：4148；V_1：8550

图 1.2.11　电路仿真模型

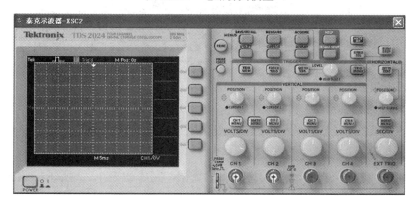

图 1.2.12　输入 220 V 交流电的波形

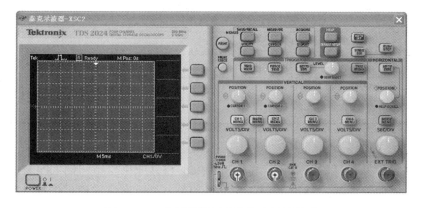

图 1.2.13　变压器降压后交流电压的波形

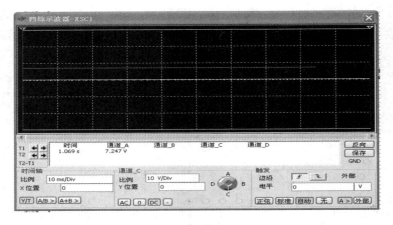

图 1.2.14　整流负端输出滤波后的电压波形

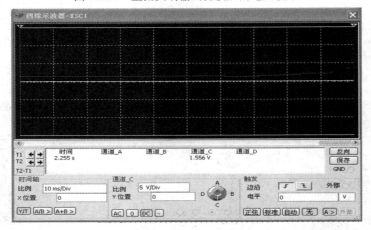

图 1.2.15　充电直流稳压波形

仿真完成后，根据仿真波形读取关键波形数据，完成如表 1.2.2 所示的测试表格，并由此判断电路设计的合理性。

表 1.2.2　电路各电压参数仿真值

序号	测试项目	测试电压指标值/V	结论	备注
1	交流电压峰值			
2	降压甲流电压峰值			
3	整流滤波后电压			
4	充电电压			

3. 原理图设计

完成电路设计并仿真验证后，应将前期开发的设计成果总结归档，即设计出产品的总电路原理图，以便为后续的 PCB 设计、电路的组装、调试和维护提供依据。在系统电路原理图设计中，要与行业标准接轨，以免设计后的原理图无法在业界内识读。本书利用

Multisim 软件绘制了如图 1.2.16 所示的原理图。

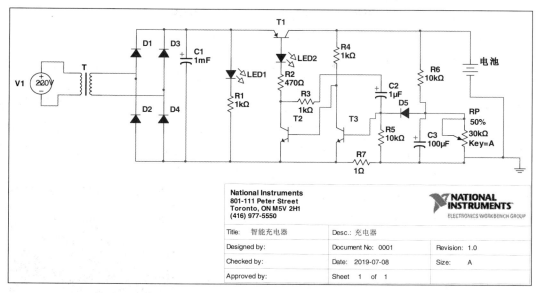

图 1.2.16 充电器电路原理图

4. 元器件清单

充电器元件清单如表 1.2.3 所示。

表 1.2.3 智能充电器元器件清单

序号	元器件型号	封装	数量	位号
1	万能板		1	
2	电源线		1	
3	工频变压器		1	T
4	整流二极管		4	VD_1、VD_2、VD_3、VD_4
5	电解电容		3	C_1、C_2、C_3
6	1 kΩ 电阻		2	R_1、R_3
7	470 Ω 电阻		1	R_2
8	10 kΩ 电阻		1	R_5、R_6
9	30 kΩ 可调电阻		1	R_P
10	1 Ω 电阻		1	R_7
11	8550 三极管		1	V_1
12	9014 三极管		2	V_2、V_3
13	4148 二极管		1	VD_5
14	发光二极管		2	LED1、LED2

1.2.4 项目组装与调试

1. 电路焊接与组装

用万用表测量整流二极管的正、反向电阻，正确判断出二极管的极性后，按图 1.2.17 所示焊接组装整流滤波电路。安装时要注意二极管和电解电容的极性不要接反。经检查无误后，再将电源变压器(为保证安全，可在变压器的副边接上额定电流为 1A 的保险丝)与整流滤波电路连接。通电后，用示波器或万用表检查整流后输出电压的极性，若输出电压的极性为负，则说明整流电路没有接对，此时 LED1 不会亮。因此确定整流输出电压的极性为正后，断开电源，按图 1.2.16 所示将整流滤波电路与充电控制电路连接起来，然后接通电源，若输出电压满足设计指标，说明充电器中各级电路都能正常工作，此时就可以进行各项指标的测试。

项目所设计的充电电路经典实用。实际制作时，可以通过设计 PCB 板然后焊接组装，也可通过手工布线在万能板上焊接组装。焊接组装时要从信号流向入手，从输入到输出逐步对器件进行布局及布线，要求器件布局合理，布线不能有飞线及跳线。设计好后的 PCB 板如图 1.2.17 所示。

图 1.2.17　充电器 PCB

2.性能调试

1) 通电前的检查

电路板焊接组装好后，不可急忙通电，应该首先认真细致地检查，确认无误后方能通电。检查包括自检、互检等步骤。经过检查均无出现问题后，方可通电调试。

通电前检查，主要有以下三方面的内容：

(1) 检查元器件安装是否正确。尤其需要注意的是三端集成稳压器的型号、二极管的极性、电容器的耐压大小和极性、电阻的阻值和功率是否与设计图纸相符。如果不符，有可能在通电时烧坏元器件。

(2) 检查焊接点是否牢固，特别要仔细检查有无漏焊、虚焊和错焊。对于靠得很近的相邻焊点，要注意检查金属毛刺是否短路，必要时可以用万用表进行测量。

(3) 检查电路接线是否有误。根据原理图用万用表逐根导线测试，发现问题及时纠正。

2) 上电调试

调试仪器和工具：可编程交流电源，数字示波器，直流电源，螺丝刀，镊子，电烙铁，镍氢充电电池等。

为保证充电电源的正常工作，其必须工作在额定范围内。焊接组装完成后，必须通过调试验证来检验设计的合理性。实际调试包括以下几个步骤：

(1) 充电电压调整：把电容 C_2、C_3 断开，在输出端并接一个 220 μF 左右的电解电容，此时该电路就相当于一个可调稳压电源。先不接电池，接通电源，LED1 发光，将 V_3 的 B、E 极短接，充电指示灯 LED2 应亮；用万用表测输出端电压，调节电位器 R_P，直到输出电压等于充电电池的终了电压，再接回电容 C_2、C_3 便可。(电池充电终了电压可从资料上查阅，也可实测；如单个镍氢电池的充电终了电压约为 1.5 V，单格蓄电池约为 2.45 V。)

(2) 待机状态：接通电源，若不接电池，三极管 V_2 因无基极电压而截止，三极管 V_1 也截止，无电压输出。此时只有电源指示灯 LED1 发光。

(3) 充电过程：当正确接上充电电池后，三极管 V_2 会因电池的余电而轻微导通，集电极电位下降，V_1 迅速导通，输出电压升高。由于 C_2 是正反馈作用，电路状态迅速达到稳态。此时 V_1、V_2 导通，V_3 截止，给电池充电，充电指示灯 LED2 发光。

(4) 限流充电：如果充电电流大于限定值，电流取样电阻 R_7 两端电压升高，三极管 V_3 的 BE 极间电压高于死区电压，单稳触发器状态被触发。V_3 导通，V_1、V_2 截止，充电停止；而后单稳触发器自动复位，又进入充电状态，这样周而复始地进行脉动充电，充电指示灯 LED2 闪烁。

(5) 充电自停：随着充电的进行，电池两端电压缓慢上升，脉宽变窄，充电电流变小，充电指示灯 LED2 闪烁逐渐变快变暗。待电池接近充满时，二极管 VD_5 导通，V_3 也导通，V_1、V_2 截止，充电通电路断开，结束充电。在实际充电过程中，由于充电静置一会儿后，电池电压会有稍许降低，因而可出现间歇充电现象，但看不到 LED2 闪烁。这种绢流充电方式有利于延长电池寿命。

在实际调试中，可根据上述步骤进行性能测试，并在表 1.2.4、表 1.2.5 中记录测试结果，同时根据设计性能参数需求，对比测试值与需求的差异性，从而检验设计是否合格。如果不合格，在结论栏填写不合格字样，在备注栏填写测试仪器、方法、现象等内容，并根据测试现象，对产品设计进行修正，直至调试合格。

表 1.2.4　充电电压测试值

序号	测试项目	测试值/V	结论	备注
1	调整时充电电压			
2	实际充电电压			
3	空载充电电压			

表 1.2.5　充电电流测试值

序号	测试项目	测试值/A	结论	备注
1	实际充电电流			
2	最大充电电流			

3. 充电电源的检修

直流充电电源在焊接组装和使用过程中，由于元器件、仪器设备、环境以及人为等因素，组装完成的成品或使用之后的成品会出现各种各样的故障，并不一定完全能满足性能指标要求。因此，必须在直流稳压电源产品焊接组装完成后或者使用一定周期后，进行必要的检测与维修。

1) 充电电源检测

(1) 表面初步检查。

各种充电电源一般都装有过载或短路保护的熔断丝以及输入、输出接线柱，应先检查熔断丝有否熔断或松脱，接线柱有否松脱或对地短路；查看电源变压器有否焦味或发霉，电阻、电容有否烧焦、霉断、漏液、炸裂等明显的损坏现象。

(2) 测量整流输出电压。

在各种稳压电源中都有一组或一组以上的整流输出电压，如果这些整流输出电压有一组不正常，则稳压电源将会出现各种故障。因此检修时，要首先测量有关的整流输出电压是否正常。

(3) 测试电子器件。

如果整流电压输出正常，而输出充电电压不正常，则需进一步测试调整管等的性能是否良好，电容有否击穿短路或开路。如果发现有损坏、变值的器件，通常更新后即可使稳压电源恢复正常。

(4) 检查电路的工作点。

若整流电压输出和有关的电子元器件都正常，则应进一步检查电路的工作点。对晶体管来说，它的集电极和发射极之间要有一定的工作电压，基极与发射极之间的偏置电压极性应符合要求，并保证工作在放大区。

(5) 分析电路原理。

如果发现某个晶体管的工作点电压不正常，有两种可能：一是该晶体管损坏；二是电路中其他元器件损坏所致。对于三端集成稳压器，可以用同样方法进行分析。这时就必须仔细地根据电路原理图来分析发生问题的原因，进一步查明损坏、变值的元器件。

2) 充电电源常见故障检修实例

(1) 充电电压不稳。

在使用充电电源时，通常先开机预热，然后调节输出电压"粗调"电位器，观察调压作用和调节范围是否正常；最后调节到所需要的电源电压值，并接上负载。如果空载时电压正常，但接上负载后输出电压即下降，若排除外电路故障的可能性，此时的故障就是稳压电源失去稳压作用。

检修时可用万用表测定大功率调整管的集电极与发射极之间的通断情况。如发现不了问题，可进一步检查整流二极管是否损坏，只要有一只整流管损坏，全波整流就变成半波整流。空载时，大容量的滤波电容仍能提供足够的整流输出电压，以保证稳压输出的调压功能。接上负载以后，整流输出电压立即下降，稳压输出端的电压也随之下降，失去稳压作用。

(2) 输出电压过高，无调压、稳压作用。

晶体管直流稳压电源在空载情况下，若输出电压太大，超过规定值，并且无调压和稳压作用，故障可能是：

① 复合调整管之一的集电极与发射极击穿短路，整流输出的电压直接通过短路的晶体管加到稳压输出端，且不受调压和稳压的控制。

② 取样放大管的集电极或发射极断开，复合调整管直接处于辅助电源 Dz 的负电压作用下，基极电流很大，使调整管的发射极与集电极之间的内阻变得很小，整流输出的电压直接加到稳压输出端。

1.2.5 项目归档

通常，一个好的产品项目主要经历设计、调试和项目归档三个阶段。从时间分配上来说，大概各占项目的三分之一时间。因此，项目文档整理及存档是每个工程师或学徒必须掌握的技能。

1. 总体要求

项目归档不是简单文档的堆积，它是项目开发、管理过程中形成的具有保存价值的各种形式的历史记录，包括项目评估、立项、开发设计、调试、验收整个过程中所形成的大量文件材料。因此，项目归档的总体要求是：整理存档后的项目文档是能指导他人完成智能充电器开发的指导性文件。

2. 内容要求

(1) 完成项目评估报告，包括成本分析、进度分析、技术风险分析及市场风险分析等。

(2) 完成设计报告撰写，包括参数设计分析、设计步骤、电路原理图、PCB 布局布板等。

(3) 整理完成测试报告，包括调试过程说明、仪器仪表使用说明、测试数据记录分析、开发问题列表等。

(4) 分析项目测试现象及可能采取的措施，总结实验中所遇到的故障、原因及排除故障情况。

(5) 完成项目结题报告，通过分析测试结果，判断项目是否符合设计需求。如符合设计需求，应同时完成产品使用说明、总结报告等文档的编写。

1.2.6 绩效考核

在项目实践中，可参考企业绩效考核制度对学生进行评价与考核，以提升学生的项目实践技能，培养学生良好的职业素养。

具体绩效/发展考核标准如表 1.2.6 所示。

绩效/发展考核分为五个部分(态度意愿、专业技能、沟通协调、问题解决、学习发展)，每个部分占总评成绩的 20%。考核以自我评价和教师评价相结合的方式进行，最终考核成绩由教师核定，并针对每项考核项目的成绩具体提出实例说明原因，以达到公开、公平、有效的效果。

项目名称：智能充电器

表 1.2.6 绩效/发展考核表

姓名		学号		考核日期		考核人	
考核项目	评分标准(自评者填第 1 格，教师(主管)填第 2 格)						评价说明
	优秀 20	良好 17～19	一般水准 13～16	需改进 8～12	急需改进 0～7		
态度意愿	1.____ 2.____ ① 工作态度非常积极、主动性高，具有正面影响他人的能力；② 愿意接受挑战，承担更大责任与压力	1.____ 2.____ ① 工作态度佳，配合度高；② 乐于接受老师所布置的任务，可承受压力	1.____ 2.____ ① 愿意配合工作安排；② 完全按照老师指示完成任务，尚愿意承受压力	1.____ 2.____ ① 被动、积极性不高，配合度尚可；② 不愿承担工作及学习的责任与压力	1.____ 2.____ ① 对自己工作与学习不关心，易推卸责任；② 不愿服从老师的指导		
专业技能	1.____ 2.____ ① 深具专业知识与技能；② 能完整分析专业领域的问题并解决	1.____ 2.____ ① 具有相当的专业知识与技能；② 能分析判断专业领域的问题并解决	1.____ 2.____ ① 具有一般专业知识与技能；② 具有一般分析、判断能力，勉强可应付问题	1.____ 2.____ ① 专业知识不足；② 分析、判断能力不足，需进一步训练	1.____ 2.____ ① 专业知识明显不足；② 缺乏专业领域的分析、判断能力		

续表

考核项目	评分标准(自评者填第1格，教师(主管)填第2格)					评价说明
	优秀 20	良好 17~19	一般水准 13~16	需改进 8~12	急需改进 0~7	
沟通协调	1.____ 2.____ ①擅于表达，能获得他人信任并建立良好的合作关系；②能影响他人，促成团队有效达成目标	1.____ 2.____ ①能具体表达，获得他人的信任与合作；②能高度配合团队合作	1.____ 2.____ ①能自由沟通，得到他人配合；②愿配合团队运作	1.____ 2.____ ①无法进行有效沟通，也无法取得他人信任；②偶有不愿配合他人之情形，只为一己私利	1.____ 2.____ ①不擅表达，不愿与人沟通；②自我为中心，不愿配合团队合作	
问题解决	1.____ 2.____ 能有效分析与解决问题，并能防止问题再次发生	1.____ 2.____ 能分析问题并找出解决方法	1.____ 2.____ 所遇到的对于问题，需寻求他人指导才能解决	1.____ 2.____ 无法有效解决问题，需依赖他人协助才能解决	1.____ 2.____ 无法了解问题发生的原因，也不愿处理	
学习发展	1.____ 2.____ 具有高度学习意愿，能配合组织需要，主动提出计划地提升个人能力	1.____ 2.____ 具有主动学习的意愿，能配合组织的安排积极发展个人能力	1.____ 2.____ 不排斥个人学习成长机会，愿意参与组织安排的教育训练	1.____ 2.____ 满足现状，不主动提升工作能力	1.____ 2.____ 排斥学习机会，参与教育训练课程意愿低	

考核得分

备注：

1.2.7 课外拓展——数字示波器的使用与操作

示波器是一种用途十分广泛的电子测量仪器。它能把肉眼看不见的电信号变换成看得见的图象，便于人们研究各种电现象的变化过程。数字示波器是利用数据采集、A/D转换、软件编程等一系列技术制造出来的高性能示波器。

数字示波器一般支持多级菜单，能提供给用户多种选择和多种分析功能。相较于模拟示波器，这种类型的示波器可以方便地对模拟信号波形进行长期存储并能利用机内微处理器系统对存储的信号做进一步的处理，例如对被测波形的频率、幅值、前后沿时间、平均值等参数进行自动测量以及多种复杂的处理。

本节以鼎阳SDC3000系列型示波器为例进行讲解。该示波器的前控制面板如图1.2.18和图1.2.19所示，其前面板不必打开软件菜单即可操作基本的示波器功能，水平和垂直控制功能与其他示波器相同。下面具体加以介绍。

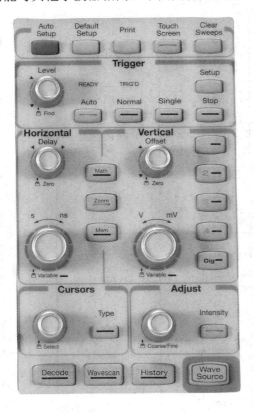

图 1.2.18　SDC3000 示波器控制面板　　　　图 1.2.19　SDC3000 示波器垂直控制按钮

1. 垂直控制功能

垂直控制适用于每个通道。通道按钮亮时，表明该通道的控制功能激活。启动通道，按通道按钮即可；激活通道，只需再按一下通道按钮即可；关闭通道，按通道按钮使其激活，然后再按一下关闭通道。通道激活时会出现描述符标签，如图 1.2.20 所示。

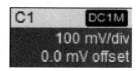

没有激活的通道　　　　　　　　激活的通道

图 1.2.20　SDC3000 示波器垂直通道激活描述标签

在通道关闭时，通道序列中的下一个通道变成活动通道。如果通道按钮不点亮，表明没有启动任何通道，或激活了 Math、Zoom、Memory 轨迹。在这种情况下，可按垂直位置和档位旋钮调节 Math、Zoom 或 Memory (Reference Waveform) 轨迹的垂直位置和垂直档位。

2．水平控制功能

SDC3000 示波器水平控制按钮如图 1.2.21 所示。

使用前面板 Horizontal 控制功能设置时基。SDS3000 系列示波器可以在实时模式 (高达 4 GS/s)、等效模式 (RIS，高达 50 GS/s) 或滚动模式 (高达 10 MS/s) 下采集信号。在某些非常高的时基下 (100 mS/div)，建议示波器采用滚动工作模式，以便长采集时间不会延迟在屏幕上显示信号。

图 1.2.21　SDC3000 示波器水平控制按钮

3．触发控制功能

SDC3000 示波器触发控制按钮如图 1.2.22 所示，各按钮功能如表 1.2.7 所示。

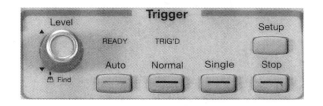

图 1.2.22　SDC3000 示波器触发控制按钮

表 1.2.7　SDC3000 示波器各触发控制按钮的功能

Stop	在Auto、Normal或Single触发模式下取消捕获信号
Auto（自动模式）	无论是否满足触发条件，都显示活动信号波形；无信号输入时，显示一条水平线
Normal（正常模式）	只有满足触发条件时才会进行触发和采集；不满足条件时保持上一次波形显示，等待下一次触发
Single（单次模式）	示波器等待触发，在满足条件时显示波形，然后停止
Setup	显示Trigger设置选项

4．AutoSetup 按钮

AutoSetup 按钮用于自动设置时基、触发和垂直档位，显示各种重复的信号。也可以通过顶部菜单栏  执行时基 -> 自动设置。

5．数学运算、缩放和存储波形快速按钮

数学运算、缩放和存储波形快速按钮如图 1.2.23 所示，具体用法如下所述：

图 1.2.23　数学运算、缩放和存储波形快速按钮

Math——按一下启动数学运算，显示 Math Setup 菜单；再按一下关闭菜单。

Zoom——按一下显示的所有通道的缩放图；再按一下解除缩放。

Mem——按一下启动参考波形，显示参考波形设置菜单；再按一下关闭参考波形功能。

6．光标旋钮和按钮

光标旋钮和按钮如图 1.2.24 所示。

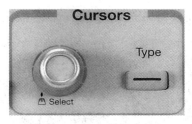

图 1.2.24　光标旋钮和按钮

旋钮旋转 Select 调节光标位置。如果光标关闭，旋转会启动光标。按下旋钮选择不同

的光标线。按 Type 按钮一下会把光标启动到水平(时间)测量，再按一下变成水平＋垂直测量，按第三次变成垂直(幅度)测量，再按一下关闭光标。

7．调节旋钮

调节旋钮如图 1.2.25 所示。

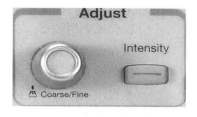

打开一个菜单，当参数设置区高亮显示时，可以调节旋钮进行参数设置。按下旋钮，在粗调和精调之间切换。

当 Intensity 按钮亮时，调节旋钮可以调节波形亮度。

图 1.2.25　调节旋钮

8．打印按钮

打印按钮可把屏幕显示的内容打印出来，或作为电子邮件附件发送。在实用工具设置硬拷贝对话框中选择设置。

9．清除扫描

按钮可清除多个扫描(采集)中的数据，包括余辉显示、参数(测量)统计和平均后的波形。

10．触摸屏

触摸屏带灯的按钮用来显示示波器触摸屏的工作状态。如果这个按钮亮，则表明触摸屏工作。如果这个按钮没亮，则表明触摸屏关闭。

11．示波器显示屏

SDS3000 示波器显示屏包含与 Vertical(通道)、Horizontal(时基)和 Trigger(触发)控制功能的当前设置有关的重要信息，如图 1.2.26 所示。此外还有许多快捷方式，可以使用显示器触摸屏功能，迅速获得信息或打开菜单。

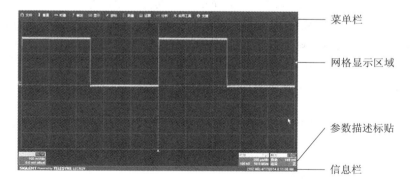

菜单栏

网格显示区域

参数描述标贴

信息栏

图 1.2.26　示波器显示屏

顶部菜单栏可以进入各种软件菜单，它与 Windows 程序上的"文件"菜单非常类似。常用示波器操作不必使用顶部菜单栏，因为可以从前面板或参数描述标签中进入大多数菜单。但是，下述操作必须通过顶部菜单栏才能进入设置或其它菜单：

- 显示设置；
- 文档管理；
- 保存或调用波形；
- 保存或调用设置；
- 打印设置；
- 垂直(通道)、水平或触发状态；
- 测量设置；
- Pass/Fail 测试设置；
- 辅助工具和首选项设置；
- 进入帮助。

1. 用万用表判别处于放大状态的某个晶体三极管的类型(指 NPN 管或 PNP 管)与三个电极时，最方便的方法是测出(   )。

A. 各级间电阻　　　　B. 各级对地电位　　　　C. 各级的电流

2. 三极管的两个 PN 结均正偏或均反偏时，所对应的状态分别是(   )。

A. 截止或放大　　　　B. 截止或饱和　　　　C. 饱和或截止

3. 某只处于放大状态的三极管，各极电位分别是 $U_K = 6$ V、$U_B = 5.3$ V、$U_C = 1$ V，则该管是(   )。

A.　PNP 锗管　　　　B. PNP 硅管　　　　C.　NPN 硅管

4. 实践中，判断三极管是否饱和，最简单可靠的方法是测量(   )。

A.　I_B　　　　　　B.　I_C　　　　　　C.　U_{BE}　　　　　　D.　U_{CE}

5. 检修设备时，测得三极管的 $U_{CE} \approx 0.3$ V，则可能是(   )。

A. R_B 开路　　　　B. 上偏置电阻 R_B 太小　　　　C. R_C 太小

6. 图 1.2.27 中，处于放大状态的三极管是(   )。

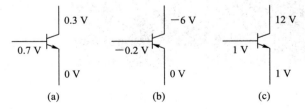

图 1.2.27　思考题 6 图

7. 为使三极管处于放大状态，须使其(   )。

A. 发射结正偏、集电结反偏　　　　　　　　B. 发射结和集电结均正偏

8. 三极管的电流放大作用是用较小的(　　)电流控制较大的(　　)电流，所以三极管是一种电流控制元件。

A. 基极　　　　　　　　B. 集电极　　　　　　　　C. 发射极

9. 温度升高时，三极管的电流放大系数 β(　　)、反向饱和电流 I_{CBO}(　　)、发射结电压 U_{BE}(　　)。

A. 变大　　　　　　　　B. 变小　　　　　　　　C. 不变

10. 三极管具有电流放大作用的外部条件是(　　)和(　　)。

A. 发射结正偏　　　　B. 集电结反偏　　　　C. 发射结反偏　　　D. 集电结均正偏

11. 三极管具有电流放大作用的工艺措施是：(　　)区中掺杂浓度高，(　　)结的面积大，(　　)区很薄。

A. 发射　　　　　　　　B. 集电　　　　　　　　C. 基

12. 某三极管的极限参数 $P_{CM} = 150$ mW，$I_{CM} = 100$ mA，$U_{(BR)CEO} = 30$ V。若它工作时电压 $U_{CE} = 10$ V，则工作电流 I_C 不得超过(　　)mA；若工作电压 $U_{CE} = 1$ V，则工作电流不得超过(　　)mA；若工作电流 $I_C = 1$ mA，则工作电压不得超过(　　)V。

A. 15　　　　　　　　B. 30　　　　　　　　C. 100　　　　　　　　D. 60

13. 三极管穿透电流 I_{CEO} 是集-基反向饱和电流 I_{CBO} 的(　　)倍。

A. β　　　　　　　　B. $1 + \beta$　　　　　　　　C. $\beta(1 + \beta)$

14. 在晶体管放大电路中，测得一个晶体管的各个电极的电位如图 1.2.28 所示，则该晶体管是(　　)。

A. NPN 型硅管，①——E，②——B，③——C

B. PNP 型硅管，①——C，②——B，③——E

C. PNP 型锗管，①——C，②——E，③——B

15. 在晶体管放大电路中，测得一个晶体管的各个电极的电位如图 1.2.29 所示，则该晶体管是(　　)。

A. 　NPN 型硅管，①——E，②——B，③——C

B. 　PNP 型硅管，①——C，②——B，③——E

C. 　PNP 型锗管，①——C，②——E，③——B

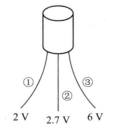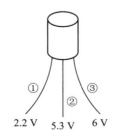

图 1.2.28　思考题 14 图　　　　　图 1.2.29　思考题 15 图

16. 在晶体管放大电路中，测得一个晶体管的各个电极的电位如图 1.2.30 所示。则该晶体管是( )。

A. NPN 型硅管，①——E，②——B，③——C

B. PNP 型硅管，①——C，②——B，③——E

C. PNP 型锗管，①——C，②——E，③——B

17. NPN 型晶体管在( )情况下 $I_B = -I_C$？设电流正方向为流向电极。

A. 射极短路   B. 射极开路   C. 集电极开路

18. 判断图 1.2.31 中晶体三极管(硅管)的工作状态是( )。

A. 饱和   B. 放大   C. 截止   D. 倒置

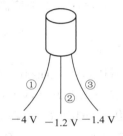 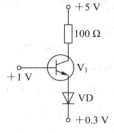

图 1.2.30 思考题 16 图   图 1.2.31 思考题 18 图

19. 如果调整管烧毁断路，将会引起什么结果？

20. 如何调整充电电压大小？

21. 总结智能充电器的工作原理及制作开发流程。

1.3 项目——声控灯的制作

(1) 通过项目开发制作，进一步掌握运算放大电路与驻极体话筒的工作原理。

(2) 学会声控电路的设计与调试方法。

(3) 熟悉集成运放芯片及驻极体话筒的特点，学会合理选择使用。

1.3.1 项目需求

1. 项目概述

随着人类对各种资源的不断攫取，全球资源日渐衰竭，环保、节能已是当今各产业发展的重中之重，尤其是需要消耗大量电力的照明产业。随着现代科学技术的发展，越来越多的高科技节能产品出现在我们生活的方方面面，声控灯、光控灯是居家照明的重要组成部分。开发新型、高效、节能、寿命长、环保的电路对居家照明节能具有十分重要的意义。

随着电子技术尤其是传感技术的发展，利用声控传感技术实现灯的自动发亮、节能节电、延长灯的寿命变得越来越重要，声控电路已成为人们日常生活中必不可少的必需品。它通过声音感应控制电路，不需要手动开关，当有人经过时会自动亮，广泛应用于走廊、楼道、招待所等公共场所，给人们的生活带来极大的方便。

声控灯由麦克风、放大电路和灯(LED 灯)等组成。声控电路是声音控制电路工作的电子开关，它将声音(如击掌声)转化为电信号，经放大、整形后输出一个开关信号去控制各种电器的工作，在自动控制工业电器和家用电器方面有着广泛的用途。

2. 项目功能

(1) 声音灵敏控制。

(2) 能扩展光控功能。

(3) 采用分立元器件及运放电路，能在万能板上手工布线实现。

(4) 适用于各种声控应用场所。

3. 技术参数

(1) 额定工作电压：主电路为 220 V ± (1 + 20%)V，控制电路为 5～15 V。

(2) 声音控制在 3 米内有效。

(3) 白天或光线较充足时，声控灯不能工作。

(4) 光线较暗时，灯光在声音信号触发后延时 30 秒灭灯。

(5) 工作环境温度：−10℃～+80℃。

1.3.2 项目评估

1. 方案可行性论证

声控电路一般由电源电路、声控延时电路、开关电路三部分电路组成。

电源电路主要为控制电路提供工作电压。本设计采用传统的电源电路设计方法，即降压、整流、滤波、稳压，使电路输出 12 V 直流电压供给控制电路。项目 1.1 已经对此电路进行了详细设计，此项目不再叙述。

声控电路主要利用声-电传感器(驻极体话筒)将拾取到的声音信号转换为电信号，并对这个电信号进行比较后去控制开关电路，从而实现对灯光的控制。

图 1.3.1 给出了利用 555 芯片实现声电转换的电路。声音传感器转换的电信号变换为触发信号，对 555 构成的单稳态电路进行触发；电路在检测到一定强度的环境声音时，LED 灯亮，并延时一段时间，然后自动熄灭。此电路可以用来模拟声控灯的实现。如果将图 1.3.2 所示电路接入图 1.3.1 中的 C 点，电路就成了一个实际声控延时电灯。555 芯片 3 脚输出信号控制继电器进行开关动作，电灯和继电器线圈串联，当继电器吸合时，电灯发光；当继

电器断开时，电灯熄灭，从而实现弱电控制强电功能，可广泛应用于声控灯领域。

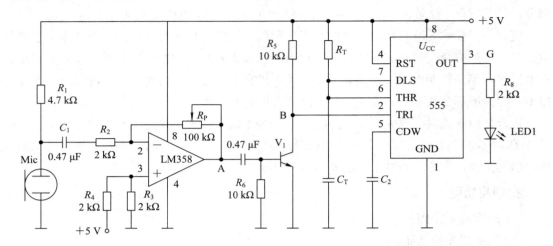

图 1.3.1　555 声控模拟电路

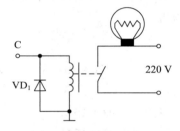

图 1.3.2　继电器开关控制电路

　　声控灯已经广泛应用在居民日常生活中，给人民的生活带来很多的方便。这些声控灯电路几乎都使用了集成电路，并且直接使用 220 V 的交流电源。虽然这样做简化了电路，但对于初学者来说理解电路有一定的困难，调试电路也具有一定的危险性。因此，本项目介绍一个简单的声控灯电路，采用三极管等分立元器件、集成运放和低压电源，不仅适合初学者的学习，而且通过电路中的继电器也可以控制其他电器进行工作。当你对着声控电路拍手或喊叫时，电路中的继电器会动作；如果用它控制小灯，可以使小灯工作几秒钟，然后自动关闭。

2. 方案工作原理

　　项目方案系统框图如图 1.3.3 所示。电路由直流电源、声传感电路、控制电路、延时电路及继电器开关电路组成，具体电路原理图如图 1.3.4 所示。电路中的直流电源由项目 1.1 中的直流电源提供。

图 1.3.3　系统框图

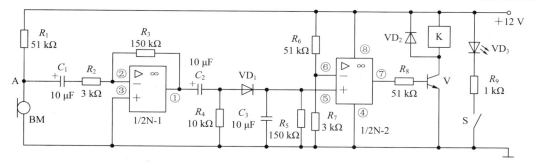

图 1.3.4 声控电路原理图

1) 声音传感电路

项目采用驻极体话筒实现声控功能，主要由驻极体话筒拾音传感电路和放大电路组成。拾音传感电路是把收集的声音信号转换为电信号，由驻极体话筒传感器实现，其实物图如图 1.3.5 所示。

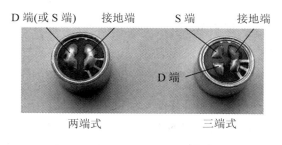

图 1.3.5 驻极体话筒实物图

驻极体话筒属于最常用的电容话筒，具有体积小、结构简单、电声性能好、价格低的特点，广泛用于盒式录音机、无线话筒及声控等电路中。由于输入和输出阻抗很高，所以要在这种话筒外壳内设置一个场效应管作为阻抗转换器。因此，驻极体电容式话筒在工作时需要直流工作电压。

驻极体话筒与电路的接法有源极输出与漏极输出两种，如图 1.3.6 所示。源极输出类似晶体三极管的射极输出，需用三根引出线；漏极 D 接电源正极；源极 S 与地之间接一电阻 R_s 来提供源极电压，信号由源极经电容 C 输出；编织线接地起屏蔽作用。源极输出的输出阻抗小于 2 k，电路比较稳定，动态范围大，但输出信号比漏极输出小；漏极输出只需两根引出线，与外壳相连的是接地端，另一端即为漏极输出端；漏极 D 与电源正极间接一漏极电阻 R_D，信号由漏极 D 经电容 C 输出；源极 S 与编织线一起接地；漏极输出有电压增益，因而话筒灵敏度比源极输出时要高，但电路动态范围略小。

驻极体话筒采集的声音很微弱，一般只有十几毫伏，需用放大电路把信号放大。电路接法如图 1.3.4 所示，驻极体话筒采集到的信号经过比例运算放大电路进行放大，放大的音频信号经过输出端耦合电容加到电阻 R_4 上，此时的音频信号已经足够大。

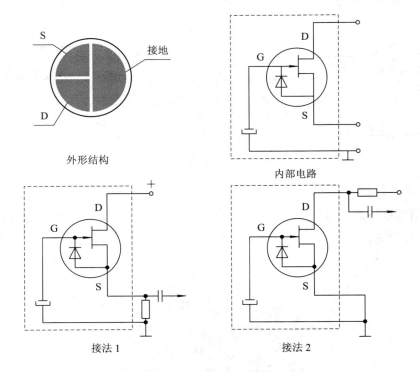

图 1.3.6 驻极体话筒两种电路接法

常用的运算放大电路有 LM358、LM324、LM393 等。其中，LM358 内部包括有两个独立的、高增益、内部频率补偿的双运算放大器，适合于电源电压范围很宽的单电源使用，也适用于双电源工作模式；在建议工作条件下，电源电流与电源电压无关。它的使用范围包括传感放大器、直流增益模块和其他所有可用单电源供电的使用运算放大器的场合。图 1.3.7 给出了其内部结构及引脚功能图，图 1.3.8 给出了实物图。

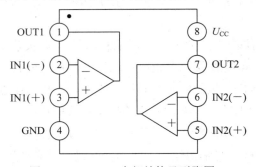

图 1.3.7 LM358 内部结构及引脚图

图 1.3.8 LM358 实物图

2) 控制电路

如图 1.3.4 所示，项目控制电路主要由整流二极管 VD_1、运放比较器、分压电阻(R_6 和 R_7)等组成。

经过声音传感处理后的信号已经足够大，通过二极管 VD_1 整流后加到运放 LM358 的

5 脚，而 LM358 的第二运放接成比较器电路，其 6 脚接经过 R_6 和 R_7 分压设定的阀值电压。当驻极体话筒采集到声音信号时，5 脚电压幅值较大，大于 6 脚阀值电压，比较器输出高电平，控制后续开关电路动作，从而控制电灯的亮灭。

3）延时电路

项目中的延时电路由 RC 电路实现，如图 1.3.4 所示。延时长短由 R_5 和 C_3 值确定。如果需延时长，两个参数取较大值；如果延时较短，可取较小值。

4）开关电路

开关电路一般由开关器件组成，开关可选择晶闸管、继电器等。项目中选用固态继电器作为控制开关，如图 1.3.4 所示，比较器 7 脚输出电压控制三极管 V 的导通与截止。当 V 导通时，继电器吸合，灯亮；当 V 截止时，三极管截止，继电器不吸合，电灯所在回路断开，灯灭。

继电器(relay)是一种电子控制器件，是当输入量(激励量)的变化达到规定要求时，在电气输出电路中使被控量发生预定的阶跃变化的一种电器。它包括控制系统(又称输入回路)和被控制系统(又称输出回路)两部分，通常应用于自动化的控制电路中，实际上是用小电流去控制大电流运作的一种"自动开关"，故在电路中起着自动调节、安全保护、转换电路等作用。继电器有很多种，常用的有电磁继电器、固态继电器等。

电磁继电器是一种电子控制器件，它具有控制系统(又称输入回路)和被控制系统(又称输出回路)，通常应用于自动控制电路中。

固态继电器(Solid State Relay，SSR)，是由微电子电路、分立电子元器件、电力电子功率器件组成的无触点开关，用隔离器件实现控制端与负载端的隔离。固态继电器的输入端用微小的控制信号，达到直接驱动大电流负载的目的。

专用的固态继电器具有短路保护、过载保护和过热保护功能，与组合逻辑固化封装就可以实现用户需要的智能模块，直接用于控制系统中。

固态继电器已广泛应用于计算机外围接口设备、恒温系统、调温、电炉加温控制、电机控制、数控机械、遥控系统、工业自动化装置，信号灯、调光、闪烁器、照明舞台灯光控制系统，仪器仪表、医疗器械、复印机、自动洗衣机，自动消防，保安系统，以及作为电网功率因素补偿的电力电容的切换开关等，另外在化工、煤矿等需防爆、防潮、防腐蚀场合中都有大量使用。

固态继电器是具有隔离功能的无触点电子开关，在开关过程中无机械接触部件，固态继电器除具有与电磁继电器一样的功能外，还具有逻辑电路兼容，耐振耐机械冲击，安装位置无限制，良好的防潮、防霉、防腐蚀性能，在防爆和防止臭氧污染方面的性能也极佳，具有输入功率小、灵敏度高、控制功率小、电磁兼容性好、噪声低和工作频率高等特点，常用于对电磁环境要求较高的场合。

图 1.3.9 给出了 Z 型电磁继电器的常用符号，图 1.3.10 给出了其实物图。Z 型电磁继电器有五个端口，其中两个端口为输入弱电控制端口，其余三个端口为触点。

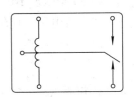

图 1.3.9　Z 型电磁继电器的电路符号

图 1.3.10　Z 型电磁继电器实物

1.3.3　项目设计

1. 电路参数设计

声控电路的设计是根据实际声音信号及灵敏度要求等性能指标要求，正确地确定出声音传感电路、控制电路、延时电路、开关电路等所用器件的性能参数，从而合理地选择这些元器件。设计计算过程如下：

1) 声音传感电路

声音传感电路实现对声音的采集，并对信号进行放大处理。

本项目中，声音采集采用驻极体话筒，其工作电压 U_{ds} 为 1.5 V～12 V，常用的有 1.5 V、3 V、4.5 V 三种，项目中选用 1.5 V 工作电压；工作电流 I_{ds} 在 0.1 mA～1 mA 之间，项目中选择 0.21 mA。由这些参数可算出 R_1 为 50 kΩ。根据实际常用电阻值，可选 51 kΩ 电阻。

驻极体话筒采集的信号很弱，必须经过电容耦合放大处理。如图 1.3.4 所示，耦合电容 C_1 选择 10 μF 电解电容；信号放大倍数可选择 50～200 倍，此处选择 50 倍；选择 LM358 作为运放器件。根据反相比例放大电路计算公式

$$A_U = -\frac{R_3}{R_2} \tag{1.3.1}$$

可知，如果放大倍数取 50 倍，R_2 取 3 kΩ，则 R_3 为 150 kΩ。

声音采集电路输出耦合电容也选择 10 μF 的电解电容；信号采样电阻 R_4 取 10 kΩ，此电阻不能太小，以免影响信号强度。

2) 声控电路

项目控制电路主要由整流二极管 VD_1、运放比较器、分压电阻(R_6 和 R_7)等组成。VD_1 对采集放大后的交流声音信号进行整流，由于信号功率较小，选用 1N4001 整流二极管。

比较器电路由 LM358 中的第二个运放组成。由公式(1.3.1)可知放大倍数为 50 倍，一般声音信号为 15 mV 左右，则 LM358 运算放大器 1 脚输出电压为 0.75 V。因此，比较器阈值电压可设为 0.65 V 左右，如果选 R_7 为 3 kΩ，根据分压公式，R_6 可选为 51 kΩ。

3) 延时电路

延时电路采用 RC 延时电路来实现，当声音消失后，LM358 的 1 脚输出变为低电平，电容 C_3 上的电压经过 R_5 进行放电；当 C_3 上的电压低于阈值电压时，LM358 的 7 脚输出变

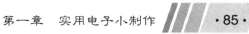

为低电平，三极管截止，继电器断开，电灯熄灭。延时长短可根据快速计算公式 $\tau = RC$ 来计算。如根据项目需求，要延时 30 秒，确定电容为 10 μF，则 R_5 为 3 MΩ。

4) 开关电路

开关电路主要由控制小功率三极管、继电器等组成。三极管只提供小的控制电流，可选择 9013 型号的 NPN 三极管。继电器要串联于交流电路，且声控灯对时间及电磁环境要求不高，可选用电磁继电器。一般家用电灯功率为 25 W～100 W，故可选用能通过 220 V、1 A～2 A 的电磁继电器即可。

2. 电路仿真

验证电路设计是否合理，仿真是一种有效手段。开发中，可在 Multisim 软件中建立如图 1.3.11 所示仿真模型，通过仿真手段抓取电路波形，检验电路是否能正常工作，以提高开发效率，降低开发成本。图 1.3.12～图 1.3.17 分别给出了声音模拟信号、放大输出电压波形、整流后电压波形、阈值电压波形、比较器输出电压波形及声音控制 LED 灯亮模型。

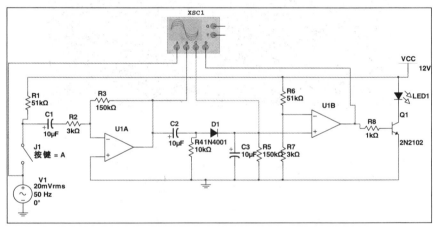

图 1.3.11　电路仿真模型

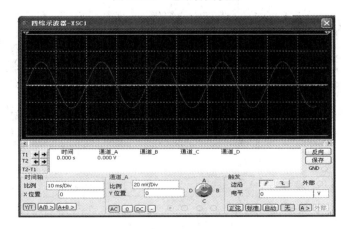

图 1.3.12　声音模拟信号

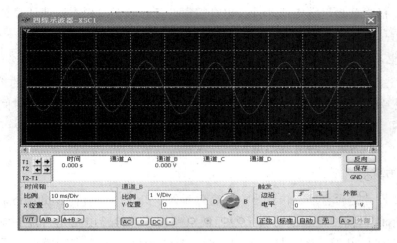

图 1.3.13　放大后的输出电压波形

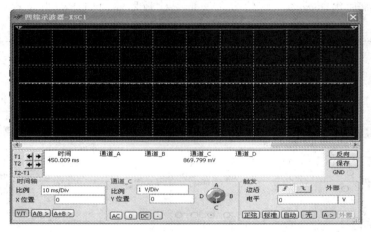

图 1.3.14　整流处理后的电压波形

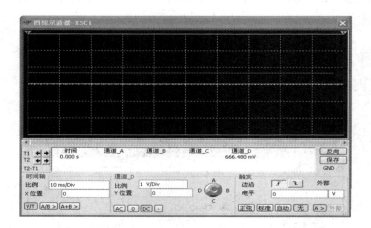

图 1.3.15　阈值电压波形

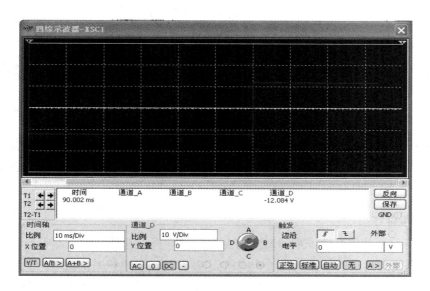

图 1.3.16　比较器输出的电压波形

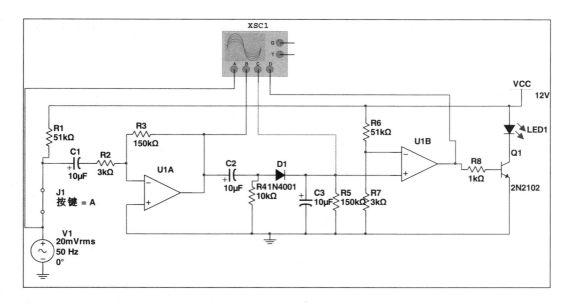

图 1.3.17　声音控制 LED 灯亮模型

　　仿真中，用 20 mV 交流信号模拟声音信号，用 J_1 开关控制声音的有无，其他元器件参数按设计参数选择。从图 1.3.11 和图 1.3.17 的对比可以看出，当无声音信号时，输出开关不动作，LED 灯回路断开，灯不亮；当有声音信号时，声音信号被采集后，经过放大、整流处理后，与阈值电压进行比较，从而控制开关动作，开通 LED 灯回路，LED 灯亮。由仿真结果看出，电路设计符合要求。仿真完成后，根据仿真波形读取关键波形数据，完成如表 1.3.1 所示的测试表格，并由此判断电路设计的合理性。

表 1.3.1 电路各电压参数仿真值

序号	测试项目	测试电压指标值/V	结　论	备注
1	声音模拟信号峰值			
2	放大后电压峰值			
3	阈值电压值			
4	整流处理后电压			
5	比较器输出电压			
6	LED1 两端电压			

3. 原理图设计

完成电路设计并仿真验证后，应将前期开发设计成果总结归档，即设计出产品的总电路原理图，以便为后续的 PCB 设计、电路的组装、调试和维护提供依据。在系统电路原理图设计中，要与行业标准接轨，以免设计后的原理图无法在业界内识读。本书利用 Multisim 软件，绘制了如图 1.3.18 所示的原理图。

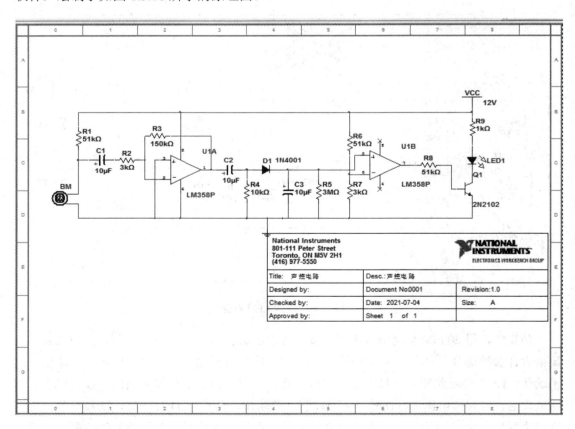

图 1.3.18 声控电路原理图

4. 元器件清单

声控电路元器件清单如表 1.3.2 所示。

表 1.3.2 声控电路元器件清单

序号	元件型号	封装	数量	位号
1	万能板		1	
2	排线		1	
3	驻极体话筒		1	BM
4	整流二极管		1	VD_1
5	10 μF 电解电容		3	C_1、C_2、C_3
6	51 kΩ 电阻		3	R_1、R_6、R_8
7	3 kΩ 电阻		2	R_2、R_7
8	150 kΩ 电阻		2	R_3、R_5
9	10 kΩ 电阻		1	R_4
10	连接端子		1	P_1
11	1 kΩ 电阻		1	R_9
12	集成运放 LM358		1	U_1
13	继电器		1	K_1
14	三极管		1	V_1

1.3.4 项目组装与调试

1. 电路焊接与组装

根据设计参数，用万用表测量整流二极管的正、反向电阻，正确判断出二极管的极性后，按图 1.3.18 所示焊接组装滤波整流电路(安装时要注意二极管和电解电容的极性不要接反)，再焊接运放电路及比较器电路周边器件。然后给 LM358 加 12V 直流电源，从 LM358 运放电路输入端加入小信号声音模拟信号，测试运放输出及比较器输入端口电压是否正常，判断放大比较电路工作是否正常。

经检查无误后，再将驻极体话筒及三极管开关电路焊接好，并与 LM358 运放比较及整流滤波电路连接。焊接时，要注意驻极体话筒极性及三极管和继电器引脚顺序，以免接错，影响电路性能。确定整个电路焊接完好后，接通电源，拍手模拟声音信号，观察输出 LED 是否能受控制，若 LED 灯能受声音控制，并能延时 30 秒，说明声控电路中各级电路都能正常工作，此时就可以进行各项指标的测试。

声控电路简单实用。实际制作时，可以通过设计 PCB 板然后焊接组装，也可通过手工布线在万能板上焊接组装。本书选择在万能板上手工布线的焊接方法。焊接组装时要从信号流向入手，从输入到输出逐步对元器件进行布局及布线，要求元器件布局合理，手工焊接布线不能有飞线及跳线，所有布线均由焊锡拉焊而成，焊点及布线要均匀。手工组装的线性电源如图 1.3.19 和 1.3.20 所示。

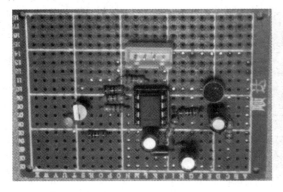 

图 1.3.19　声控电路元器件面　　　　　　　图 1.3.20　声控电路布线及焊接面

2. 性能调试

1) 通电前的检查

电路板焊接组装好后，不可急忙通电，应该首先认真细致地检查，确认无误后方能通电。检查包括自检、互检等步骤。经过检查均无出现问题后，方可通电调试。

通电前检查，主要有以下三方面的内容：

(1) 检查元器件安装是否正确。尤其需要注意的是三端集成稳压器的型号、二极管的极性、电容器的耐压大小和极性、电阻的阻值和功率是否与设计图纸相符。如果不符，有可能在通电时烧坏元器件。

(2) 检查焊接点是否牢固，特别要仔细检查有无漏焊、虚焊和错焊。对于靠得很近的相邻焊点，要注意检查金属毛刺是否短路，必要时可以用万用表进行测量。

(3) 检查电路接线是否有误。根据原理图用万用表逐根导线测试，发现问题及时纠正。

2) 上电调试

调试仪器和工具：信号发生器，数字示波器，数字万用表，直流电源，螺丝刀，镊子，电烙铁等。

为保证声控电路的正常工作，其必须工作在额定范围内。焊接组装完成后，必须通过调试验证来检验设计的合理性。实际调试包括以下几个步骤。

(1) 声音灵敏度调整：用手轻拍驻极体话筒传感器，观察 LED 灯是否亮。在距离电路板 3 米的地方，以正常声音说话，观察 LED 是否被触发开通；同时观察灯亮后，是否能延时 30 秒。如果声音灵敏度不够，可试着调试 R_1 的阻值、运放的放大倍数或阈值电压，并反复试验，一直到达到技术指标为止。如果延时过短，可增大 C_3 和 R_5 值，以达到合理延时要求。

(2) 待机状态：接通电源，在无声状况下，运放输出电压信号较弱，整流滤波后的电压达不到阈值电压，比较器输出低电平，开关不动作，LED 灯不亮。

(3) 延时过程：如果声音触发了比较器动作，从而控制开关接通，LED 灯亮。当声音消失后，C_3 上的电压经过 R_5 放电，30 秒左右时，C_3 上电压将会低于阈值电压，比较器输出低电平，开关断开，LED 灯自动熄灭。

　　实际调试中，可根据上述步骤进行性能测试，并在表 1.3.3、表 1.3.4 中记录测试结果，同时根据设计性能参数需求，对比测试值与需求的差异性，从而检验设计是否合格。如果不合格，在结论栏填写不合格字样，在备注栏填写测试仪器、方法、现象等内容，并根据测试现象，对产品设计进行修正，直至调试合格。

表 1.3.3　声控灵敏度测试

序号	测试项目	测试结果(灯亮或灭)	结　论	备注
1	发音距离 1 米			
2	发音距离 2 米			
3	发音距离 3 米			
4	发音距离 5 米			

表 1.3.4　关键电压测试值

序号	测试项目	测试值/V	结　论	备注
1	声音信号电压			
2	运放输出电压			
3	阈值电压			
4	滤波整流后电压			
5	比较器输出电压			
6	LED 灯两端电压			

3. 声控电路的检修

　　声控电路在焊接组装和使用过程中，由于元器件、仪器设备、环境以及人为等因素，组装完成的成品或使用之后的成品会出现各种各样的故障，并不一定能完全满足性能指标要求。因此，必须在声控电路产品焊接组装完成后或者使用一定周期后，进行必要的检测与维修。

　　1) 直流稳压电源检测

　　(1) 表面初步检查。

　　声控电路一般装有电源连接端子以及继电器开关等元器件，应先检查端子及继电器触点连接是否松脱或对地短路；查看集成电路是否有焦糊味，电阻、电容是否有烧焦、霉断、漏液、炸裂等明显的损坏现象。

　　(2) 测量集成电路电源电压。

　　声控电路中都有集成电路的输入电压。如果这些电源电压不稳定或超出集成电路电源电压要求范围，则声控电路放大及比较控制电路将会出现各种故障。因此检修时，要首先测量有关的电源电压是否正常。

(3) 测试电子器件。

如果电源电压正常，而输出开关不动作，则需进一步测试 LM358 集成电路的性能是否良好，整流电容、话筒及二极管是否击穿短路或开路。如果发现有损坏、变值的器件，通常更新后即可使声控电路恢复正常。

(4) 检查电路的工作点。

若各电子器件都正常，则应进一步检查电路的工作点。对集成电路 LM358 来说，应保证它的放大倍数合适，输出不超出电源电压值。

(5) 分析电路原理。

如果发现某个晶体管的工作点电压不正常，有两种可能：一是该晶体管损坏；二是电路中其他元器件损坏。对于三端集成稳压器，可以用同样方法进行分析。这时就必须仔细地根据电路原理图来分析发生问题的原因，进一步查明损坏、变值的元器件。

2) 声控电路常见故障检修实例

(1) LED 灯一直不亮。

灯不亮可能是因为 LED 灯断路，也可能是电源或控制电路出现故障。在确认 LED 灯正常的情况下先检查直流电源电压是否稳定。如果不稳定，应检查供电电源是否有正常电压输出。若电源电压正常，再检查驻极体话筒是否正常。方法是：用万用表检测漏极 D 和源极 S 之间的电阻值，驻极体话筒的正常电阻值应该是一大一小。如果正、反向电阻值均为 ∞，说明被测话筒内部的场效应管已经开路；如果正、反向电阻值均接近或等于 0 Ω，说明被测话筒内部的场效应管已被击穿或发生了短路；如果正、反向电阻值相等，说明被测话筒内部场效应管栅极 G 与源极 S 之间的晶体二极管已经开路。由于驻极体话筒是一次性压封而成的，因此内部发生故障时一般不能维修，弃旧换新即可。当确认驻极体话筒正常后，将其与运放控制电路断开，然后在集成运放的输入端接入模拟声音信号，并用示波器监测其输出端电平是否改变。若不变，在外围元器件正常的情况下，说明集成运放损坏。若证明集成运放正常，在集成运放 7 脚有高电平输出的前提下，LED 灯仍不亮，那只能是 R_8、三极管或继电器出现开路性损坏。

(2) LED 灯长亮不熄。

灯长亮不熄表明故障主要在控制电路，可先检查三极管是否已击穿。若正常，再查 LM358 脚阈值电压是否正常。若未发现异常，则有可能是 LM358 内部损坏，可按上述人为加模拟声音触发信号的方法予以确认。若 LM358 正常，则应考虑继电器控制开关是否短路损坏。

(3) LED 灯点亮时间太短。

灯点亮时间太短主要是 C_3、R_5 时间常数太小，常见原因是 C_3 漏电，其次是二极管 VD_1 的反向漏电流太大。检查并更换后故障即可排除。

(4) 灵敏度不够。

若发现需要很响的声音才能使 LED 灯点亮，则表明控制开关灵敏度太低。用替换法检查话筒 BM、耦合电容 C_1 及 C_2、控制三极管等，故障一般可排除。

1.3.5　项目归档

通常，一个好的产品项目主要经历设计、调试和项目归档三个阶段。从时间分配上来说，大概各占三分之一的时间。因此，项目文档整理及存档是每个工程师或学徒必须掌握的技能。

1. 总体要求

项目归档不是简单文档的堆积，它是项目开发、管理过程中形成的具有保存价值的各种形式的历史记录，包括项目评估、立项、开发设计、调试、验收整个过程中所形成的大量文件材料。因此，项目归档的总体要求是：整理存档后的项目文档是能指导他人完成声控电路开发的指导性文件。

2. 内容要求

(1) 完成项目评估报告，包括成本分析、进度分析、技术风险分析及市场风险分析等。

(2) 完成设计报告撰写，包括参数设计分析、设计步骤、电路原理图、PCB 布局布板等。

(3) 整理完成测试报告，包括调试过程说明、仪器仪表使用说明、测试数据记录分析，开发问题列表等。

(4) 分析项目测试现象及可能采取的措施，总结实验中所遇到的故障、原因及排除故障情况。

(5) 完成项目结题报告，通过分析测试结果，判断项目是否符合设计需求。如符合设计需求，应同时完成产品使用说明、总结报告等文档。

1.3.6　绩效考核

在项目实践中，可参考企业绩效考核制度对学生进行评价与考核，以提升学生的项目实践技能，培养学生良好职业素养。

具体绩效/发展考核标准如表 1.3.5 所示。

绩效/发展考核分为五个部分(态度意愿、专业技能、沟通协调、问题解决、学习发展)，每个部分占总评成绩的 20%。考核以自我评价和教师评价相结合的方式进行，最终考核成绩由教师核定，并针对每项考核项目的成绩具体提出实例说明原因，以达到公开、公平、有效的效果。

项目名称：声控电路

表 1.3.5 绩效/发展考核表

姓名		学号		考核日期		考核人	

考核项目	评分标准(自评者填第1格，教师(主管)填第2格)					评价说明
	优秀 20	良好 17~19	一般水准 13~16	需改进 8~12	急需改进 0~7	
态度意愿	1.___ 2.___ ①工作态度非常积极、主动性高，具正面影响他人的能力；②愿意接受挑战，承担更大责任与压力	1.___ 2.___ ①工作态度佳，配合度高；②乐于接受老师布置的任务，可承受压力	1.___ 2.___ ①愿意配合工作安排；②完全按照老师指示完成任务，尚愿意承受压力	1.___ 2.___ ①被动，积极性不高，配合度尚可；②不愿承担工作及学习的责任与压力	1.___ 2.___ ①对自己工作与学习不关心，易推卸责任；②不愿服从老师的指导	
专业技能	1.___ 2.___ ①深具专业知识与技能；②能完整分析专业领域的问题并解决	1.___ 2.___ ①具有相当的专业知识与技能；②能分析判断专业领域的问题并解决	1.___ 2.___ ①具有一般专业技能，知识与技能；②具有一般分析、判断能力，可应付问题	1.___ 2.___ ①专业知识不足；②分析、判断能力不足，需进一步训练	1.___ 2.___ ①专业知识明显不足；②缺乏专业领域的分析、判断能力	

续表

考核项目	评分标准（自评者填第 1 格、教师（主管）填第 2 格）					评价说明
	优秀 20	良好 17～19	一般水准 13～16	需改进 8～12	急需改进 0～7	
沟通协调	1.____ 2.____ ①擅于表达，能获得他人信任并建立良好的合作关系；②能影响他人，促成团队有效达成目标	1.____ 2.____ ①能具体表达，获得他人的信任与合作；②能高度配合团队合作	1.____ 2.____ ①能自由沟通，得到他人配合；②愿配合团队运作	1.____ 2.____ ①无法进行有效沟通，也无法取得特别人信任；②偶有不愿配合他人的情形，只为一己私利	1.____ 2.____ ①不擅表达，不愿与人沟通；②自我为中心，不愿配合团队合作	
问题解决	1.____ 2.____ 能有效分析与解决问题，并能防止问题再次发生	1.____ 2.____ 能分析问题并找出解决方法	1.____ 2.____ 对于所遇到的问题，需寻求他人指导才能解决	1.____ 2.____ 无法有效解决问题，需依赖他人协助才能解决	1.____ 2.____ 无法了解问题发生的原因，也不愿处理	
学习发展	1.____ 2.____ 具有高度学习意愿，能配合组织需要，主动有计划地提升个人能力	1.____ 2.____ 具有主动学习的意愿，能配合组织的安排积极发展个人能力	1.____ 2.____ 不排斥个人学习机会，愿意参与组织安排的教育训练	1.____ 2.____ 满足现状，不主动提升工作能力	1.____ 2.____ 排斥学习机会，参与教育训练课程意愿低	

考核得分：

备注：

1.3.7 课外拓展——直流稳压电源的使用与操作

直流稳压电源又称直流稳压器，它的供电电压大都是交流电压。当交流供电电压或输出负载电阻变化时，稳压器的直接输出电压仍能保持稳定。稳压器的参数有电压稳定度、纹波系数和响应速度等。电压稳定度表示输入电压的变化对输出电压的影响；纹波系数表示在额定工作情况下，输出电压中交流分量的大小；响应速度表示输入电压或负载急剧变化时，电压回到正常值所需的时间。直流稳压电源分为线性电源与开关电源两类。线性电源由工频变压器把单相或三相交流电压变到适当值，然后经整流、滤波，获得不稳定的直流电源，再经稳压电路得到稳定电压(或电流)。这种电源线路简单，纹波小，相互干扰小，但体积大，耗材多，效率低(常低于 40%～60%)。开关电源通过改变开关元件的通断时间比来调节输出电压，从而达到稳压效果。这类电源功耗小，效率可达 85%左右，但缺点是纹波大，相互干扰大。随着现代控制技术的发展，新型开关电源技术得到了迅速发展。

不管是线性直流稳压电源还是开关稳压电源，其界面操作大同小异。本书以 XJ-W 系列电源为例进行描述。

XJ-W 系列稳压电源是一种便携式通用电源，其输出电压和输出电流都可以从 0 开始调整到额定值。主、从二路电源均采用悬浮输出方式，可以独立输出互不影响，也可以串联或并联输出。串联时，从路输出电压跟踪主路输出电压；并联时，输出电流为两路独立输出电流之和。两路电源均具有稳压(CV)和稳流(CC)两种输出方式，这两种方式随负载变化而自动进行转换。该电源在电路中设置了调整管功率损耗控制电路，从而有效地避免了当负载不慎短路时可能造成的损坏。

1. 技术参数

(1) 安全要求：绝缘电阻>2 MΩ，泄漏电流≤2 mA。

耐压：电源进线对机壳能承受 50 Hz、1500 V 的交流电压，历时 1 分钟无击穿飞弧现象。

(2) 使用环境：0～40℃，相对湿度 < 90%。

(3) 输入电压：AC 220(1 ± 10%)V，50 Hz ± 2 Hz。

(4) 输出电压：连续可调(0 V～30 V)；

输出电流：连续可调(0 A～2 A)。

(5) 电源效应：CV 方式≤1×10^{-4} + 0.5 V，CC 方式≤2×10^{-4} + 1 A。

(6) 负载效应：CV 方式≤5×10^{-4} + 5 V，CC 方式≤1×10^{-2} + 5 A。

(7) 周期与随机漂移(PARD)：CV 方式≤10 mV rms，CC 方式≤30 mA rms。

(8) 指示精度：指针式 2.5 级，数显式 $3\frac{1}{2}$ 位。

2. 使用方法

各个控制件的使用及作用如图 1.3.21 和表 1.3.6 所示。

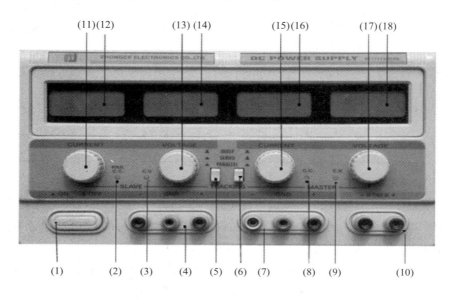

图 1.3.21 双路直流稳压电源控制面板

表 1.3.6 双路直流稳压电源面板控制说明

序号	面板标志及作用
(1)	POWER 电源开关：按入时，电源接通
(2)	从路稳流状态指示灯：当从路电源处于稳流工作状态或主、从路电源处于并联状态时，此指示灯亮
(3)	从路稳压状态指示灯：当从路电源处于稳压工作状态时，此指示灯亮
(4)	从路输出端口接线柱：红色"+"端，黑色"−"端，绿色接地线
(5)(6)	主、从路电源独立、串联、并联使用控制开关 全部弹出：主、从路电源独立使用 全部按入：并联使用 5 按入，6 弹出：串联使用
(7)	主路输出端口接线柱：红色"+"端，黑色"−"端，绿色接地端
(8)	主路稳流状态指示灯
(9)	主路稳压状态指示灯
(10)	固定输出端：电压 5 V，电流 3 A
(11)	从路输出电流调节旋钮
(12)	显示从路输出电流

续表

序号	面板标志及作用
(13)	从路输出电压调节旋钮
(14)	显示从路输出电压
(15)	主路输出电流调节旋钮
(16)	显示主路输出电流
(17)	主路输出电压调节旋钮
(18)	显示主路输出电压

1) 两路可调电源独立使用

图中开关(5)、(6)全部弹出时,可调电源可作为稳压源使用。首先应将稳流调节旋钮(11)和(15)顺时针调节到最大,然后打开电源开关(1),调节旋钮(13)和(17),使从路和主路输出直流电压至需要的电压值,此时稳压状态指示灯(3)和(9)发光。

可调电源作为稳流源使用时,在打开电源开关(1)后,先将稳压调节旋钮(13)和(17)顺时针调节至最大,同时将稳流调节旋钮(11)和(15)反时针调节到最小,然后接上所需负载,再顺时针调节稳流调节旋钮(11)和(15)使输出电流至需要的稳定电流值。此时稳压状态指示灯(3)和(9)灭,稳流状态指示灯(2)和(8)发光(表头指示转向电流值时,调节输出恒流值)。

在作为稳压源使用时,稳流调节旋钮(11)和(15)一般调至最大位置。但是该电源也可以任意设定限流保护点,设定办法为:打开电源,反时针将稳流调节旋钮(11)和(15)调到最小,然后短接输出正、负端子;并顺时针调节稳流调节旋钮(11)和(15),使输出电流等于所要求的限流保护点的电流值,此时限流保护点就被设定好了(调节时将表头指示转向电流值)。

2) 两路可调电源串联使用

两路串联使用时,首先应将主、从路输出端相串联,即从路的正端和主路的负端相短接,并将开关(5)按入,开关(6)弹出;此时调节主电源电压调节旋钮(17),从路的输出电压严格跟踪主路输出电压,使输出电压最高可达两个单路电压之和。

在两路电源串联以前,应先检查主路和从路电源的负端或正端是否有连接片与接地端相联,如有,则应将其断开,不然在两路电源串联时将造成短路。

处于串联状态时,两路的输出电压由主路控制,但是电流调节仍然是独立的。因此在两路串联时,为了保证有足够的电流输出,一般应将旋钮(11)和(15)顺时针调节至最大。

3) 两路可调电源并联使用

两路并联使用时,先应将主、从路输出端相并联,并将开关(5)(6)全部按入;然后调节主路电源电压旋钮(17),从路输出电压也同时受调节,同时从路稳流指示灯(2)发光。

在两路电源处于并联状态时,从路电源的稳流调节旋钮(11)不起作用。当电源作稳流源使用时,只需调节主路的稳流调节旋钮(11),此时主、从路的输出电流均受其控制并相同,输出电流为两路电流之和。

3. 注意事项及常见故障

(1) 直流稳压电源一般设有完善的电源保护功能，由于电路中设置了调整管功率损耗控制电路，因此当输出发生短路时，大功率调整管上的功耗并不是很大，不会造成任何损坏。但是短路时仍有功率损耗，为了减少不必要的机器老化和能源消耗，仍应尽早发现并关掉电源，将故障排除。

(2) 使用完毕后，请将电源放在干燥通风的地方，并保持清洁。若长期不使用，应将电源插头拔下后再存放。

(3) 对稳压电源进行维修时，必须将输入电源断开。

(4) 在开机或调压、调流过程中，继电器发生"喀"的声音属正常现象。

(5) 开机后，如输出电压在某固定值，调节调压电位器，输出电压不变，此时虽然是空载工作，但有可能已进入稳流状态，可检查稳流电位器是否被调得太小。

(6) 开机后输出电压即超过最大值，调节电压旋钮不起作用，大多是由于电压调整管(装在仪器后箱板散热器上的大功率三极管)CE 极被击穿所致。

1. 试求图 1.3.22 所示各电路输出电压与输入电压的运算关系式。

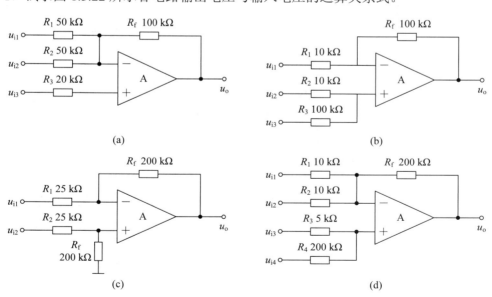

图 1.3.22　思考题 1 图

2. 在图 1.3.23 所示电路中，已知 $u_{i1} = 4$ V，$u_{i2} = 1$ V。回答下列问题：

(1) 当开关 S 闭合时，分别求解 A、B、C、D 和 u_o 的电位；

(2) 设 $t = 0$ 时 S 打开，问经过多长时间 $u_o = 0$？

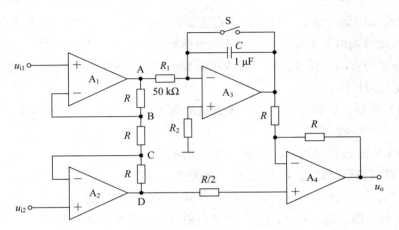

图 1.3.23   思考题 2 图

3. 在图 1.3.24(a)所示电路中，已知输入电压 u_1 的波形如图(b)所示，且 $t = 0$ 时，$u_o = 0$。试画出输出电压 u_o 的波形。

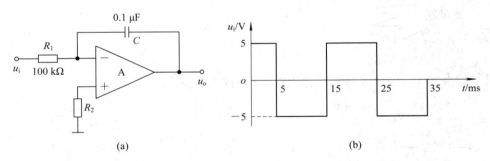

(a)   (b)

图 1.3.24   思考题 3 图

4. 如果放大电路不进行调零，将会引起什么结果？

5. 如何设定声控电路的阈值电压？

6. 总结声音控制电路项目的流程。

第二章　综合电子产品开发实践

　　5G 技术的突破启动了第四次工业革命，推动了电子信息产业结构的不断调整升级，催生了物联网、车联网、人工智能等技术潮流的不断涌现。这必然会产生新的技术技能要求，电子技术的综合应用将在日常生活中发挥越来越重要的作用。

　　相对于实用小制作来说，综合电子产品的设计和制作需要用到数字电子技术、模拟电子技术、单片机技术、传感器技术等学科知识，是多学科知识的综合应用。适合具有一定基础的电子爱好者学习和实践。本章将综合电子产品实例项目化，以声光报警器的设计和制作、LED 发光控制器的设计和制作二个项目为载体，按照项目需求、项目评估、项目设计、项目组装与调试、项目归档、绩效考核等企业电子产品开发流程展示了项目开发与制作过程，让学生或初学者在项目开发制作中完成学习，在学习中完成产品制作，把书中所学电子知识内容具体化、细致化、深入化，体现在实际应用中，达到实战的目的。

2.1 项目——声光报警器的设计与制作

(1) 能够根据所给的原理框图和说明设计产品电路。

(2) 能够使用 Multisim 软件对电路进行仿真设计。

(2) 能够使用 Altium Designer 等 EDA 软件设计印刷电路板。

(3) 能够焊接、调试产品，使制作的产品正常运行。

2.1.1 项目需求

1. 项目概述

随着生活节奏的不断加快，人们对人身安全、财产安全及居家安全等越来越重视，对电子报警器的需求日益增加。

报警探测器是用来探测入侵者入侵行为的一种电子报警器。现代生活中需要防范入侵的地方很多，可以是某些特定的点、线、面，甚至是整个空间。例如，小偷在主人睡着的时候入室进行偷窃，主人听不到，但如果有报警探测器探测到周围的震动并发出警报，就可以提醒主人。

防盗报警器对于家庭、厂房、实验室等的安防来说是必不可少的。本项目用简单的分立元器件开发了一个声光控报警器。该报警器能通过声音触发报警，发出报警声，适用于家庭、办公室、仓库、实验室等比较重要场合的防盗报警。

2. 项目功能

(1) 自然光环境不报警。

(2) 光线较弱时，具有声控报警功能。

(3) 采用分立元器件，电路简洁。

(4) 声音触发，能发光报警。

(5) 声音触发，具有蜂鸣报警功能。

3. 技术参数

(1) 额定工作电压：$10 \pm (1 + 5\%)$V。

(2) 光线强时，声控不起作用。

(3) 声控触发时，LED 灯亮 5 秒。

(4) 声控触发时，10 Hz 频率蜂鸣 5 秒。

(5) 工作环境温度：−10℃～+80℃。

2.1.2 项目评估

1. 方案可行性论证

在自然环境光下，声控报警器待机不报警；在光线很暗的情况下(遮蔽光敏电阻)，声控报警器在一个较大声音触发下工作，控制 LED 灯常亮 5 秒，同时蜂鸣器以 10 Hz 的频率间断报警 5 秒。

根据项目需求，项目可以采取单片机控制方案和纯硬件方法实现。单片机控制方案的智能化程度高，但成本较高，实用性和经济性较差。纯硬件方法由常用的光传感电路、声音传感电路、三极管开关、555 单稳态电路、10 Hz 脉冲发生电路、门电路等组成，所有器件均采用常见的分立元器件，价廉、实用，且兼顾了高效和环保。因此，本项目选择纯硬件实现方法，其功能框图如图 2.1.1 所示。

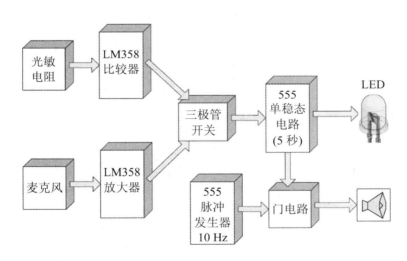

图 2.1.1 声光报警器功能框图

2. 方案工作原理

本项目参考电路如图 2.1.2 所示，由电源电路、10 Hz 脉冲发生电路、555 单稳态电路、声音传感电路、蜂鸣及发光报警电路和光传感电路等组成。

1) 电源电路

整个系统输入电源为 10 V，但 LM358 芯片及 555 定时器芯片电源均采用 6 V 电压，从 10 V 变换到 6 V 电压可由一个单片双极型线性集成电路 MC34063PI 来实现，其参考电路如图 2.1.2(a)所示。

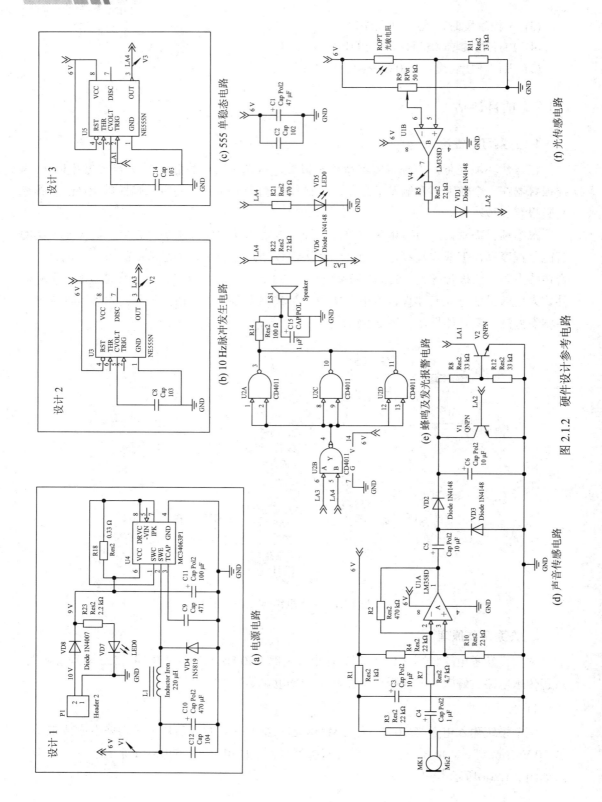

(a) 电源电路

(b) 10 Hz脉冲发生电路

(c) 555 单稳态电路

(d) 声音传感电路

(e) 蜂鸣及发光报警电路

(f) 光传感电路

图 2.1.2　硬件设计参考电路

  MC34063PI 是一个单片双极型线性集成电路，专用于直流-直流变换器控制部分。片内包含有温度补偿带隙基准源、一个占空比周期控制振荡器、驱动器和大电流输出开关，能输出 1.5 A 的开关电流。它能使用最少的外接元器件构成开关式升压变换器、降压式变换器和电源反向器。图 2.1.3 给出了 MC34063PI 的内部电路及引脚框图，实物图如图 2.1.4 所示，典型降压应用电路如图 2.1.5 所示。

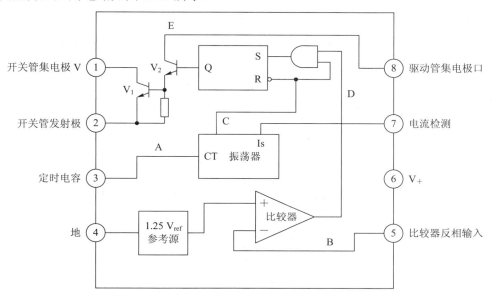

图 2.1.3　MC34063PI 内部电路及引脚框图

图 2.1.4　MC34063PI 实物图

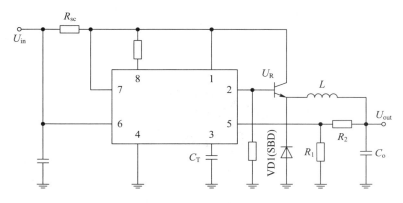

图 2.1.5　MC34063PI 降压应用电路图

2)　555 单稳态电路及脉冲发生电路

项目中的 10 Hz 脉冲信号产生电路及 5 秒单稳态电路均由 555 定时器芯片实现，其参考电路如图 2.1.2(b)、(c)所示。

555 定时器芯片成本低，性能可靠，只需要外接几个电阻、电容，就可以实现多谐振荡器、单稳态触发器及施密特触发器等脉冲产生与变换电路。它也常作为定时器，广泛应用于仪器仪表、家用电器、电子测量及自动控制等方面。555 定时器芯片的内部电路框图如图 2.1.6 所示，图 2.1.7 和图 2.1.8 分别给出了其引脚图和实物图。DIP 封装的 555 芯片各引脚功能如表 2.1.1 所示。而图 2.1.9 和图 2.1.10 分别给出了 555 单稳态应用和多谐振荡器应用的典型接法。其中，单稳态应用时，脉冲周期计算公式为 $t_W = 1.1RC$；作为多谐振荡器使用时，脉冲周期计算公式为 $t = 0.693 \times (R_1 + 2R_2) \times C$。

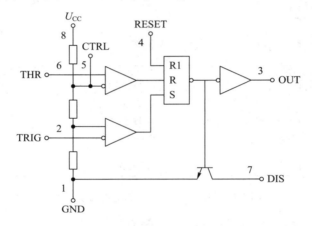

图 2.1.6　555 芯片内部电路框图

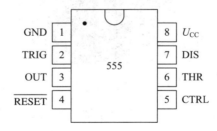

图 2.1.7　555 芯片引脚图

图 2.1.8　555 芯片实物图

表2.1.1 555芯片引脚功能

引脚	名称	功 能
1	GND(地)	接地，作为低电平(0 V)
2	TRIG(触发)	当此引脚电压降至 $1/3V_{CC}$(或由控制端决定的阈值电压)时输出端给出高电平
3	OUT(输出)	输出高电平($+V_{CC}$)或低电平
4	RST(复位)	当此引脚接高电平时定时器工作，当此引脚接地时芯片复位，输出低电平
5	CTRL(控制)	控制芯片的阈值电压(当此管脚接空时默认两阈值电压为 $1/3V_{CC}$ 与 $2/3V_{CC}$)
6	THR(阈值)	当此引脚电压升至 $2/3U_{CC}$(或由控制端决定的阈值电压)时输出端给出低电平
7	DIS(放电)	内接 OC 门，用于给电容放电
8	$V+$，V_{CC}(供电)	提供高电平并给芯片供电

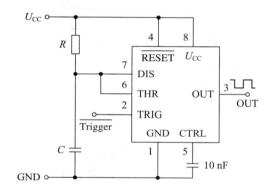

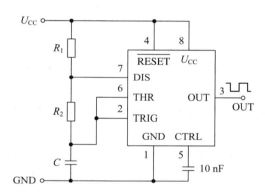

图 2.1.9 555 定时器芯片单稳态应用电路　　图 2.1.10 555 定时器芯片多谐振荡器应用电路

表 2.1.2 给出了 555 定时器芯片的典型电气参数，应用时，应根据数据手册的这些参数设计电路和应用电路，以免损坏器件。

表2.1.2 555定时器芯片的典型电气参数

供电电压(U_{CC})	4.5~15 V
额定工作电流(U_{CC} = +5 V)	3~6 mA
额定工作电流(U_{CC} = +15 V)	10~15 mA
最大输出电流	200 mA
最大功耗	600 mW
最低工作功耗	30 mW(5 V)，225 mW(15 V)
温度范围	0~70℃

3) 声音传感电路

如图 2.1.2(d)所示，声音传感电路主要由驻极体话筒、耦合电容、运算放大电路及整流滤波电路组成。利用 LM358 的一个运放组成反相比例运算放大电路，放大后的信号经耦合、滤波、整流后控制三极管动作，从而触发 555 单稳态电路工作，发出报警信号。

4) 蜂鸣及发光报警电路

蜂鸣及发光报警电路由与非门电路、蜂鸣器及发光二极管组成，其参考电路如图 2.1.2(e) 所示。

5) 光传感电路

项目中采用光敏电阻实现光控功能，主要是由光敏电阻光传感电路和放大电路组成的，其参考电路如图 2.1.2(f)所示。光敏电阻把光线信号转换为电信号，其实物图如图 2.1.11 所示。

光敏电阻器一般用于光的测量、光的控制和光电转换，即将光的变化转换为电的变化。常用的光敏电阻器有硫化镉光敏电阻器，它是利用半导体的光电效应制成的一种电阻值随入射光的强弱而改变的电阻器。光敏电阻器对光的敏感性(即光谱特性)与人眼对可见光(0.4～0.76)μm 的响应很接近，只要人眼可感受的光，都会引起它的阻值变化。设计光控电路时，都用白炽灯泡(小电珠)光线或自然光线作控制光源，使设计大为简化。

图 2.1.11 光敏电阻实物图

光敏电阻器又称为光电探测器，分为两种：一种光敏电阻器在入射光强时，电阻减小；入射光弱时，电阻增大。另一种光敏电阻器在入射光弱时，电阻减小；入射光强时，电阻增大。项目中选用第一种。

将光敏电阻与固定阻值电阻串联进行分压，接在 LM358 组成的比较器输入端，与阈值电压进行比较，当光线较强时，光敏电阻阻值减小，固定阻值电阻分压增大，比较器输出为高电平，从而控制三极管开通，将声控信号切断，此时，声控不起作用。反之，光线较弱时，比较器输出低电平，三极管断开，声控电路起作用。

项目中运放及比较器选用 LM358 双运放集成电路。

2.1.3 项目设计

1. 电路参数设计

声光控报警电路的设计指根据实际声音信号及灵敏度等性能指标要求，正确地确定声音传感电路、光敏传感电路、10 Hz 脉冲发生电路及 5 秒单稳态电路、蜂鸣电路、电源电路等所用元器件的性能参数，从而合理地选择这些器件。

设计计算过程如下：

1) 电源电路

参照图 2.1.12 所示的不完整电路，使用 MC34063PI 设计直流电源。输入直流电源 10 V，由稳压电源提供从 P1 插座接入；输出电源为直流 6 V ± 0.2 V，该 6 V 电源为整个电路供电。

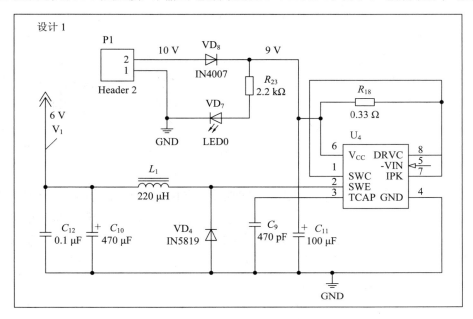

图 2.1.12　电源电路参考图

电路图中已含有的元器件为：MC34063PI 芯片(1 个)，电阻 0.33 Ω(1 个)，电阻 2.2 kΩ (1 个)，电容 470 pF(1 个)，电容 0.1 μF(1 个)，电容 100μF(1 个)，电容 470 μF(1 个)，电感 220 μH(1 个)，二极管 1N5819(1 个)，二极管 1N4007(1 个)，红色 3mm LED(1 个)。

除此之外可利用的元器件还有电阻 3.2 kΩ(2 个)，电阻 2.2 kΩ(2 个)，电阻 10 kΩ(2 个)。

实际设计中，注意可能有不需要的元器件。输出电压可参考计算公式：

$$U_\text{o} = 1.25 \times \left(1 + \frac{R_2}{R_1}\right) \tag{2.1.1}$$

由于输出电压确定为 6 V ± 0.2 V，则可计算出 R_2 为 R_1 的 3.64～3.96 倍。由此，先确定 R_1 为 2.2 kΩ，R_2 为 8.008～8.712 kΩ，则 R_1 可直接选 2.2 kΩ 电阻，R_2 为 8.2 kΩ，可通过两个 10 kΩ 电阻并联后再与 3.2 kΩ 电阻串联得到。（注意：此处 R_1 和 R_2 为 MC34063PI 典型应用电路中的 R_1 和 R_2，在实际电路中元器件编号不同，在 2.1.20 电路中为 R_{18} 和 R_{23}。）

2) 声音传感电路

声音传感电路实现对声音的采集，并对信号进行放大处理。

项目中，声音采集采用驻极体话筒，其工作电压 U_ds 为 1.5 V～12 V，常用的有 1.5 V、3 V、4.5 V 三种，项目中选用 1.5 V 工作电压；工作电流 I_ds 在 0.1 mA～1 mA 之间，项目中选择 0.2 mA。由这些参数可算出 R_1 为 1 kΩ，R_3 为 22 kΩ。

驻极体话筒采集的信号很弱，必须经过电容耦合放大处理。如图 2.1.2 所示，耦合电容 C_4 选择 1 μF 电解电容。信号放大倍数可选择 50～200 倍，此处选择 100 倍。选择 LM358

作为运放器件。根据反相比例放大电路计算公式

$$A_U = -\frac{R_2}{R_7} \tag{2.1.2}$$

可知，如果放大倍数取 100 倍，则图 2.1.2(d)中，R_7 取 4.7 kΩ，R_2 取 470 kΩ。

R_4 和 R_{10} 组成的分压电路为运放提供 3 V 直流偏置电压。声音采集电路的输出耦合电容选择 10 μF 的电解电容，整流二极管 VD_2、VD_3 对采集放大后的交流声音信号进行整流。由于信号功率较小，选用 1N4148 二极管。当有声音信号并且光线较弱时，经过放大整流后的声音信号控制三极管 Q2(9013)的开通，从而触发单稳态电路工作，发出报警信号。

3) 光敏传感电路

光敏传感电路由比较器、电阻等组成。比较器电路由 LM358 中的第二个运放组成。比较器的负输入端接 50 kΩ 可调电阻，形成阈值分压电路，方便实际调试中阈值的设定。正端由光敏电阻和一个 33 kΩ 的电阻串联分压组成。当光线较强时，光敏电阻阻值减小，比较器输出为高电平，控制三极管 V_1 导通，从而切断声音控制信号。

4) 10 Hz 脉冲发生电路

参照如图 2.1.13 所示的不完整电路，使用 NE555 设计脉冲发生器，能产生 10 Hz ± 1 Hz 脉冲信号。

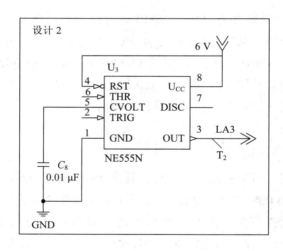

图 2.1.13　10 Hz 脉冲发生电路参考图

图中已含有的元器件为 NE555 定时器芯片(1 个)，电容 0.01 μF(1 个)。

除此之外可利用元器件为电阻 470 kΩ(2 个)，电阻 47 kΩ(2 个)，电阻 10 kΩ(2 个)，电容 0.1 μF(1 个)。

实际设计中，注意可能有不需要的元器件。脉冲周期可以由如下公式计算：

$$t = 0.693 \times (R_1 + 2R_2) \times C \tag{2.1.3}$$

由于电容只能选择 0.1 μF，则在误差范围内，可选择的 R_1 和 R_2 均为 470 kΩ 的电阻。

5)　5秒单稳态电路

参照如图 2.1.14 所示的不完整电路，使用 NE555 设计一个单稳态触发器，触发器脉宽 5 s ± 0.5 s。

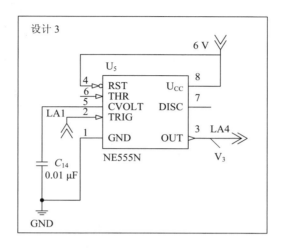

图 2.1.14　5秒单稳态电路参考图

电路图中已含有的元器件为 NE555 定时器芯片(1 个)，电容 0.01 μF(1 个)。

除此之外可利用的元器件为电阻 470 kΩ(1 个)，电阻 47 kΩ(1 个)，电阻 10 kΩ(2 个)，电容 0.1 μF(1 个)，电解电容 10 μF(1 个)。

实际设计中，注意可能有不需要的元器件。脉冲周期可以由公式(2.1.4)计算：

$$t_\text{W} = 1.1RC \tag{2.1.4}$$

将 5 秒电路带入公式(2.1.4)可知，则在误差范围内，R 选 470 kΩ，电容 C 选 10 μF。

6)　蜂鸣及发光报警电路

蜂鸣及发光报警电路均选用常见的蜂鸣器及发光二极管。要同时实现 5 秒蜂鸣及发光报警，还需与非门 CD4011。

2. 电路仿真

验证电路设计是否合理，仿真是一种有效手段。开发中，可在 Multisim 软件中建立如图 2.1.15 所示的仿真模型，通过仿真手段抓取电路波形，检验电路是否能正常工作，以提高开发效率，降低开发成本。图 2.1.16～图 2.1.19 分别给出了声音模拟信号及放大输出信号，单稳态电路输出波形，10 Hz 脉冲电路输出波形，单稳态电路、脉冲电路及蜂鸣电路波形。

仿真中，用 20 mV 交流信号模拟声音信号，用 J1 开关控制声音的有无，其他器件参数按设计参数选择。从仿真结果可以看出，当有声音信号时，声音信号被采集后，经过放大、整流处理后，触发 555 定时器，发出 5 秒脉冲波形，控制 LED 发光，同时与 10 Hz 脉冲电路通过与门后，控制蜂鸣器发声。

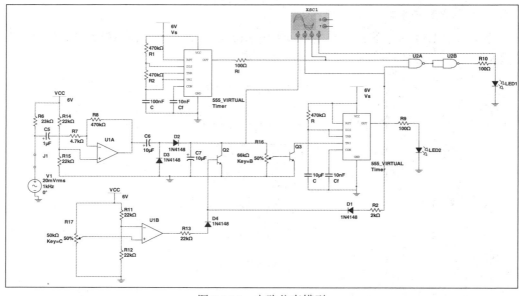

图 2.1.15　电路仿真模型

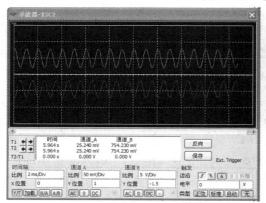

图 2.1.16　声音模拟信号及放大后的信号

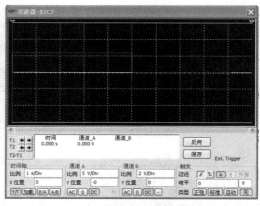

图 2.1.17　5 秒单稳态电路输出波形

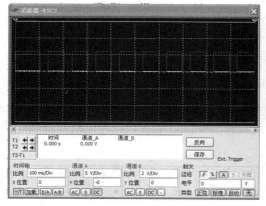

图 2.1.18　10 Hz 脉冲电路输出波形

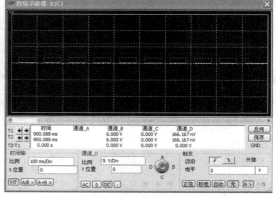

图 2.1.19　单稳态电路、脉冲电路及蜂鸣电路波形

由仿真结果看出，电路设计符合要求。仿真完成后，根据仿真波形读取关键波形数据，

完成如表 2.1.3 所示的测试表格，并由此判断电路设计的合理性。

表 2.1.3　电路各电压参数仿真值

序号	测试项目	测试电压指标值/V	结论	备注
1	声音模拟信号峰值			
2	放大后电压峰值			
3	5 秒单稳态电路输出电压			
4	10 Hz 脉冲电路输出电压			
5	蜂鸣电路输出电压			
6	光敏比较器电路输出电压			

3. 原理图设计

完成电路设计并仿真验证后，应将前期开发设计成果总结归档，即设计出产品的总电路原理图，以便为后续的 PCB 设计、电路的组装、调试和维护提供依据。在系统电路原理图设计中，要与行业标准接轨，以免设计后的原理图无法在业界内识读。本书利用 Multisim 软件，绘制了如图 2.1.20 所示的原理图(书中未加特殊标注的原理图均由 Multisim 软件绘制)。

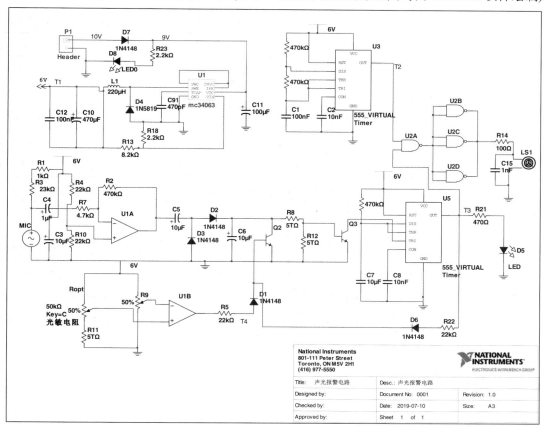

图 2.1.20　声光报警电路原理图

4. 元器件清单

声光报警控制电路元器件清单如表 2.1.4 所示。

表 2.1.4　声光报警控制电路元器件清单

序号	名称	规格	型号	数量	封装方式	序号	名称	规格	型号	数量	封装方式
1	电容	16 V	471	1	RAD0.2	25	光敏电阻			1	HR
2	电容	16 V	102	1	RAD0.2	26	MIC			1	MN
3	电容	16 V	103	2	RAD0.2	27	电感		220 μH	1	LT
4	电容	16 V	104	2	RAD0.2	28	蜂鸣器	5 V		1	SPK
5	电容	16 V	1 μF	2	CD2.0	29	管座	2.54 mm	8P	4	DIP8
6	电容	16 V	10 μF	4	CD2.0	30	管座	2.54 mm	14P	1	DIP14
7	电容	16 V	47 μF	1	CD2.0	31	插针/座	2.54 mm	2PIN	1	PIN2
8	电容	16 V	100 μF	1	CD2.5	32	三极管		9013	2	ECY-W3/E4
9	电容	16 V	470 μF	1	CD2.5	33	二极管		1N4148	4	DIODE0.4
10	电阻	1/4 W	0.33	1	AXIAL0.4	34	二极管		1N5819	1	DIODE0.4
11	电阻	1/4 W	100	1	AXIAL0.4	35	二极管		1N4007	1	DIODE0.4
12	电阻	1/8 W	470	1	AXIAL0.3	36	二极管	3 mm 红色	LED	1	LED1
13	电阻	1/8 W	1 k	1	AXIAL0.3	37	二极管	5 mm 白色	LED	1	LED
14	电阻	1/8 W	2.2 k	1	AXIAL0.3	38	芯片	LM358		1	DIP8
15	电阻	1/8 W	4.7 k	1	AXIAL0.3	39	芯片	CD4011		1	DIP14
16	电阻	1/8 W	8.2 k	1	AXIAL0.3	40	芯片	NE555		2	DIP8
17	电阻	1/8 W	22 k	5	AXIAL0.3	41	芯片	MC34063		1	DIP8
18	电阻	1/8 W	33 k	3	AXIAL0.3	42	铜柱	M3*6		4	
19	电阻	1/8 W	470 k	4	AXIAL0.3	43	螺母	M3		4	
20	电阻	1/8 W	10 k	4	AXIAL0.3	44	平垫片	M3		4	
21	电阻	1/8 W	47 k	5	AXIAL0.3	45	弹簧垫片	M3		4	
22	电阻	1/8 W	68 k	2	AXIAL0.3	46	电源线	红黑	带头	1	
23	电阻	1/8 W	220 k	1	AXIAL0.3	47	独股线	0.3 mm²	绿色	0.5 m	
24	电位器	3296	50 k	1	RTX	48	插针	1P		10	

2.1.4　项目组装与调试

1. 电路焊接与组装

根据设计参数，按图 2.1.20 所示电路设计印刷电路板。单层 PCB 的尺寸是 4000 mil ×

3150 mil。四角设计直径为 120 mil 的安装孔，安装孔中心距板两个边缘的距离为 120 mil。利用软件在 Mechanical 层标注尺寸，线宽不小于 10 mil，安全距离不小于 10 mil。

在 PCB 布局设计实践中，要从信号流向入手，从输入到输出逐步对元器件进行布局及布线，要求元器件布局合理，不能有飞线及跳线。

在 PCB 布局设计中，设计者只能使用给定的元器件来设计电路。如下元器件的放置必须如图 2.1.21 所示：LS1 为蜂鸣器，D5 为白色 LED，P1 为电源 2 针插座，MK1 为麦克风，ROPT 50k 为光敏电阻，RPOT 为多圈电位器。同时将 "No.：XX" 的 "XX" 替换为自己的工位号。除了上述元器件之外，其余器件在兼顾电气稳定性能后，可以任意摆放。

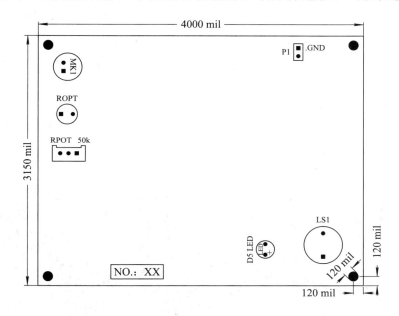

图 2.1.21　PCB 布局图

完成设计后，需提交以下文件(其中 "XX" 为学生的两位工位号)：

(1) "声控报警器-PCB 图-XX. PcbDoc" 文件；

(2) PCB 板 "Top Overlay" "Keep-Out Layer" 和标注尺寸的 "Mechanical 层" 1∶1 比例的 "声控报警器-PCB 图 A-XX. pdf" 文件；

(3) PCB 板 "Bottom Layer" 1∶1 比例的 "声控报警器-PCB 图 B-XX. pdf" 文件。

PCB 设计成功之后，将发到 PCB 制造厂家进行制板。对于制作好的 PCB 板，设计制作者必须检查和测量，并同时清点如表 2.1.4 所示的元器件，确认没有错误之后，方可进行焊接与组装。

焊接组装时，先组装焊接 MC34063 电源电路，用万用表测量整流二极管的正、反向电阻，正确判断出二极管的极性后，按图焊接组装好 6 V 电源电路，并预留 T1 测试点。安装时要注意二极管和电解电容的极性不要接反。

电源电路焊接好后，再焊接运放电路及比较器电路周边器件，然后给 LM358 加 6 V 直流电源。从 LM358 运放电路输入端加入小信号声音模拟信号，测试运放输出及比较器输入端口电压是否正常，判断放大比较电路工作是否正常。

运放比较电路焊接好后，可对 555 单稳态电路及脉冲发生电路进行焊接。焊接时注意 555 芯片引脚顺序。焊接好后，给其加 6 V 直流电源，在输入端口加上触发信号，观察 T2、T3 端口输出波形是否正常。在此基础上焊接 CD4011 与非门电路及蜂鸣器电路，观察蜂鸣器工作状况。

经检查无误后，再将驻极体话筒及三极管开关电路焊接好，并与 LM358 运放比较及整流滤波电路连接。焊接时要注意驻极体话筒的极性及三极管和继电器的引脚顺序，以免接错，影响电路性能。最后将这些电路与电源电路及 555 芯片电路连接。确定整个电路焊接完好后，接通电源，拍手模拟声音信号，观察输出 LED 是否能受控制。若 LED 灯受声音控制且能亮 5 秒，蜂鸣器发出声音报警，说明声光报警电路中各级电路都能正常工作，此时就可以进行各项指标的测试。

焊接组装时要从信号流向入手，从输入到输出逐步对元器件进行布局及布线，要求器件布局合理，手工焊接布线不能有飞线及跳线，所有布线均由焊锡拉焊而成，焊点及布线要均匀。组装完成的参考 PCB 板如图 2.1.22 所示。

图 2.1.22　参考样板

2. 性能调试

1) 通电前的检查

电路板焊接组装好后，不可急忙通电，应该首先认真细致地检查，确认无误后方能通电。检查包括自检，互检等步骤。经过检查均无问题后，方可通电调试。

通电前检查，主要有以下三方面的内容：

(1) 检查元器件安装是否正确。尤其需要注意的是三端集成稳压器的型号、二极管的极性、电容器的耐压大小和极性、电阻的阻值和功率是否与设计图纸相符，如果不符，有可能在通电时烧坏器件。

(2) 检查焊接点是否牢固，特别要仔细检查有无漏焊、虚焊和错焊；对于靠得很近的相邻焊点，要注意检查金属毛刺是否短路，必要时可以用万用表进行测量。

(3) 检查电路接线是否有误。根据原理图用万用表逐根对导线进行测试，发现问题及时纠正。

2) 上电调试

调试仪器和工具：信号发生器、数字示波器、数字万用表、直流电源、螺丝刀、镊子、电烙铁等。

为保证声光报警电路的正常工作，要求其必须工作在额定范围内。焊接组装完成后，必须通过调试验证来检验设计的合理性。装配完成之后，按照表 2.1.5 所示步骤进行调试，并对声光报警电路的各种状态进行测试。

表 2.1.5　声光报警电路测试步骤

序号	测 试 点 现 象
1	检查 T_1 测试点，输出电压 6 V，允许误差 ±0.2 V
2	检查 T_2 测试点，产生 10 Hz 矩形波，允许误差 ±1 Hz
3	检查 T_4 测试点，调整电位器 RPOT，自然光下高电平，遮蔽光敏电阻低电平
4	检查 T_3 测试点，遮蔽光敏电阻，较大声音触发 MIC，产生 5 s 脉宽信号。允许误差 ±0.5 s

声音及光灵敏度调整：调整电位器 RPOT。自然光下，比较器输出高电平；光线较弱时，比较器输出低电平。用手轻拍驻极体话筒传感器，观察 LED 灯是否有亮。在距离电路板 3 米的地方以正常声音说话，观察 LED 是否被触发开通。同时观察灯亮后，是否能亮 5 秒，且蜂鸣器是否发出鸣叫声。如果声音灵敏度不够，可试着调试 R_1 和 R_3 的阻值，或运放的放大倍数，反复试验，一直到达到技术指标为止。

待机状态：接通电源，无声状况下，运放输出电压信号较弱，整流滤波后的电压达不到 Q_3 的触发电压，555 芯片无法被触发，LED 灯不亮。

实际调试中，可根据上述步骤进行性能测试，并在表 2.1.6、表 2.1.7 中记录测试结果。同时根据设计性能参数需求，对比测试值与需求的差异性，从而检验设计是否合格。如果不合格，在结论栏填写不合格字样，在备注栏填写测试仪器、方法、现象等内容，并根据测试现象，对产品设计进行修正，直至调试合格。并能在调试过程中，发现设计、焊接、组装等问题，并能整理出解决问题的方法。

表 2.1.6　声光灵敏度测试

序号	测试项目	测试结果 (灯亮或灭)	结　论	备注
1	发音距离 1 米(遮蔽光敏电阻)			
2	发音距离 2 米(遮蔽光敏电阻)			
3	发音距离 3 米(遮蔽光敏电阻)			
4	发音距离 5 米(遮蔽光敏电阻)			
5	不遮蔽光敏电阻			

表 2.1.7　关键电压测试值

序号	测试项目	测试值/V	结　论	备注
1	声音信号电压			
2	运放输出电压			
3	555 触发信号			
4	T_1 测试点电压			
5	T_2 测试点电压			
6	T_3 测试点电压			
7	T_4 测试点电压			
8	LED 灯两端电压			
9	蜂鸣器两端电压			

3. 声控电路的检修

声光报警电路在焊接组装和使用过程中，由于器件、仪器设备、环境以及人为等因素，组装完成的成品或使用之后的成品会出现各种各样的故障，并不一定能完全能满足性能指标要求。因此，必须在声控电路产品焊接组装完成后或者使用一定周期后，进行必要的检测与维修。

1) 直流稳压电源检测

(1) 表面初步检查。

声光报警电路一般装有电源连接端子以及继电器开关等元器件，应先检查端子及继电器触点接头是否有松脱或对地短路；查看集成电路是否有焦味，电阻、电容是否有烧焦、霉断、漏液、炸裂等明显的损坏现象。

(2) 测量集成电路电源电压。

声光报警电路中都有集成电路的输入电压。如果这些电源电压不稳定或超出集成电路电源电压要求范围，则声控电路放大及比较控制电路将会出现各种故障。因此检修时，要首先测量有关的电源电压是否正常。

(3) 测试电子器件。

如果电源电压正常，而输出开关不动作，则需进一步测试 LM358 集成电路的性能是否良好，整流电容、话筒及二极管是否有击穿短路或开路。如果发现有损坏、变值的器件，通常更新后即可使声控电路恢复正常。

(4) 检查电路的工作点。

若各电子器件都正常，则应进一步检查电路的工作点。对集成电路 LM358 来说，应保证它的放大倍数合适，输出不超出电源电压值。

(5) 分析电路原理。

如果发现某个晶体管的工作点电压不正常，有两种可能：一是该晶体管损坏；二是电路中其他元器件损坏所致。对于电源管理芯片，可以用同样方法进行分析。这时就必须仔细地根据电路原理图来分析发生问题的原因，进一步查明损坏、变值的元器件。

2) 声光报警电路常见故障检修实例

(1) LED 灯一直不亮。

灯不亮可能是 LED 灯断路，也可能是电源或控制电路出现故障。在确认 LED 灯正常的情况下先检查直流电源电压是否稳定。如果不稳定，应检查供电电源是否有正常电压输出。若电源电压正常，再检查驻极体话筒是否正常。方法是：用万用表检测漏极 D 和源极 S 之间的电阻值，驻极体话筒的正常电阻值应该是一大一小。如果正、反向电阻值均为∞，说明被测话筒内部的场效应管已经开路；如果正、反向电阻值均接近或等于 0 Ω，说明被测话筒内部的场效应管已被击穿或发生了短路；如果正、反向电阻值相等，说明被测话筒内部场效应管栅极 G 与源极 S 之间的晶体二极管已经开路。由于驻极体话筒是一次性压封而成的，因此内部发生故障时一般不能维修，弃旧换新即可。当确认驻极体话筒正常后，将其与运放控制电路断开，然后在集成运放的输入端接入模拟声音信号，并用示波器监测其输出端电平是否改变。若不变，在外围元器件正常的情况下，说明集成运放损坏。若证明集成运放、声音及光控电路均正常，但 LED 灯仍不亮，那只能是 555 单稳态电路工作不正常。

(2) LED 灯长亮不熄。

灯长亮不熄表明故障主要在控制电路，可先检查三极管 Q3 是否已击穿。若正常，再查 555 芯片接法是否有误，若连接正常，则有可能是 555 芯片内部损坏。

(3) 蜂鸣器无声。

蜂鸣器的问题主要涉及 555 信号发生电路及 CD4011 与非门电路。仔细检查 555 脉冲发生电路连接是否完好，CD4011 电路有无接错。排除这些电路故障后，若问题尚未解决，可考虑蜂鸣器器件损坏，检查并更换后故障即可排除。

(4) 灵敏度不够。

若发现需要很响的声音才能使 LED 灯点亮，则表明控制开关灵敏度太低。用替换法检查话筒 BM、耦合电容 C_4 及 C_5、控制三极管等，故障一般可排除。

2.1.5 项目归档

通常，一个好的产品项目主要经历设计、调试和项目归档三个阶段。从时间分配上来说，大概各占三分之一时间。因此，项目文档整理及存档是每个工程师或学徒必须掌握的技能。

1. 总体要求

项目归档不是简单文档的堆积，它是项目开发、管理过程中形成的具有保存价值的各种形式的历史记录，包括项目评估、立项、开发设计、调试、验收整个过程中所形成的大量文件材料。因此，项目归档的总体要求是：整理存档后的项目文档是能指导他人完成声光报警电路开发的指导性文件。

2. 内容要求

(1) 完成项目评估报告，包括成本分析、进度分析、技术风险分析及市场风险分析等。

(2) 完成设计报告撰写，包括参数设计分析、设计步骤、电路原理图、PCB 布局布板等。

(3) 整理完成测试报告，包括调试过程说明、仪器仪表使用说明、测试数据记录分析，开发问题列表等。

(4) 分析项目测试现象及可能采取的措施，总结实验中所遇到的故障、原因及排除故障情况。

(5) 完成项目结题报告，通过分析测试结果，判断项目是否符设计需求。如符合设计需求，应同时完成产品使用说明、总结报告等文档。

2.1.6 绩效考核

在项目实践中，可参考企业绩效考核制度对学生进行评价与考核，以提升学生的项目实践技能，培养学生良好职业素养。

具体绩效/发展考核标准如表 2.1.8 所示。

绩效/发展考核分为五个部分(态度意愿、专业技能、沟通协调、问题解决、学习发展)，每个部分占总评成绩的 20%。考核以自我评价和教师评价相结合的方式进行，最终考核成绩由教师核定，并针对每项考核项目的成绩具体提出实例说明原因，以达到公开、公平、有效的效果。

表 2.1.8　绩效发展考核表

项目名称：声光报警电路

姓名		学号		考核日期		考核人	
考核项目	评分标准(自评者填第 1 格，教师(主管)填第 2 格)						评价说明
	优秀 20	良好 17~19	一般水准 13~16	需改进 8~12	急需改进 0~7		
态度意愿	1.＿＿　2.＿＿ ①工作态度非常积极、主动性高，具有正面影响他人的能力； ②愿意接受挑战，承担更大责任与压力	1.＿＿　2.＿＿ ①工作态度佳，配合度高； ②乐于接受老师所布置的任务，可承受压力	1.＿＿　2.＿＿ ①愿意配合工作安排； ②完全按照老师指示完成任务，尚愿意承受压力	1.＿＿　2.＿＿ ①被动，积极性不高，配合度尚可； ②不愿承担工作及学习的责任与压力	1.＿＿　2.＿＿ ①对自己工作与学习不关心，易推卸责任； ②不愿服从老师的指导		
专业技能	1.＿＿　2.＿＿ ①深具专业知识与技能； ②能完整分析专业领域的问题并解决	1.＿＿　2.＿＿ ①具有相当的专业知识与技能； ②能分析判断专业领域的问题并解决	1.＿＿　2.＿＿ ①具有一般专业知识与技能； ②具有一般的分析、判断能力，勉强可应付问题	1.＿＿　2.＿＿ ①专业知识不足； ②分析、判断能力不足，需进一步训练	1.＿＿　2.＿＿ ①专业知识明显不足； ②缺乏专业领域的分析、判断能力		

续表

考核项目	评分标准(自评者填第1格，教师(主管)填第2格)					评价说明
	优秀 20	良好 17~19	一般水准 13~16	需改进 8~12	急需改进 0~7	
沟通协调	1.___ 2.___ ① 擅于表达，能获得他人信任并建立良好的合作关系；② 能影响他人，促成团队有效达成目标	1.___ 2.___ ① 能具体表达，获得他人的信任与合作；② 能高度配合团队合作	1.___ 2.___ ① 能自由沟通，得到他人配合；② 愿配合团队运作	1.___ 2.___ ① 无法进行有效沟通，也无法取得别人信任；② 偶有不愿配合他人之情形，只为一己私利	1.___ 2.___ ① 不擅表达，不愿与人沟通；② 自我为中心，不愿配合团队合作	
问题解决	1.___ 2.___ 能有效分析与解决问题，并能防止问题再次发生	1.___ 2.___ 能分析问题并找出解决方法	1.___ 2.___ 对于所遇到的问题，需寻求他人指导才能解决	1.___ 2.___ 无法有效解决问题，需依赖他人协助才能解决	1.___ 2.___ 无法了解问题发生的原因，也不愿处理	
学习发展	1.___ 2.___ 具有高度学习意愿，能配合组织需要，主动有计划地提升个人能力	1.___ 2.___ 具有主动学习的意愿，能配合组织的安排极极发展个人能力	1.___ 2.___ 不排斥个人学习成长机会，愿意参与组织安排的教育训练	1.___ 2.___ 满足现状，不主动提升工作能力	1.___ 2.___ 排斥学习机会，参与教育训练课程意愿低	

考核得分：

备注：

1. 请画出 MC34063 的典型应用电路，并指出其输出电压的计算公式。
2. 试画出 555 电路的两种典型应用。
3. 请总结 PCB 布局设计的一般步骤及规范。

2.2 项目——LED 发光控制器

(1) 能够根据所给的原理框图和说明设计产品电路。
(2) 能够使用 Multisim 软件对电路进行仿真设计。
(3) 能够使用 Altium Designer 等 EDA 软件设计印刷电路板。
(4) 能够焊接、调试产品，使制作的产品正常运行。

2.2.1 项目需求

1. 项目概述

LED(Light-Emitting-Diode，发光二极管)是一种能够将电能转化为光能的半导体，它改变了白炽灯钨丝发光与节能灯三基色粉发光的原理，而采用电场发光。据分析，LED 的特点非常明显，寿命长，光效高，无辐射，功耗低。LED 的光谱几乎全部集中于可见光频段，其发光效率超过 150 lm/W。将 LED 与普通白炽灯、螺旋节能灯及 T5 三基色荧光灯进行对比，结果显示：普通白炽灯的光效为 12 lm/W，寿命小于 2000 小时；螺旋节能灯的光效为 60 lm/W，寿命小于 8000 小时；T5 荧光灯则为 96 lm/W，寿命大约为 10 000 小时；而直径为 5 毫米的白光 LED 光效理论上可以超过 150 lm/W，寿命可大于 100 000 小时。有人还预测，未来的 LED 寿命上限将无穷大。

鉴于 LED 的技术优势，目前主要应用于以下几大方面：

(1) 显示屏、交通信号显示光源。LED 灯具有抗震耐冲击、光响应速度快、省电和寿命长等特点，广泛应用于各种室内、户外显示屏，分为全色、双色和单色显示屏，全国共有 100 多个单位在开发生产。交通信号灯主要用超高亮度红、绿、黄色 LED，因为采用 LED 信号灯既节能，可靠性又高，所以在全国范围内，交通信号灯正在逐步更新换代，而且推广速度快，市场需求量很大。

(2) 汽车工业上的应用。汽车用灯包含汽车内部的仪表板、音响指示灯、开关的背光源、阅读灯和外部的刹车灯、尾灯、侧灯以及头灯等。汽车用白炽灯不耐震动撞击、易损坏、寿命短，需要经常更换。1987 年，我国开始在汽车上安装高位刹车灯。由于 LED 响应速度快，可以及早提醒司机刹车，减少汽车追尾事故。在发达国家，使用 LED 制造的中央后置高位刹车灯已成为汽车的标准件，美国 HP 公司在 1996 年推出的 LED 汽车尾灯模组可以随意组合成各种汽车尾灯。此外，在汽车仪表板及其他各种照明部分的光源，都可用超高亮度发光灯。我国汽车工业正处于大发展时期，是推广超高亮度 LED 的极好时机。近几年内会形成每年 10～30 亿元的产值。

(3) LED 背光源。LED 背光源以高效侧发光的背光源最为引人注目。LED 作为 LCD 背光源应用，具有寿命长、发光效率高、无干扰和性价比高等特点，已广泛应用于电子手表、手机、电子计算器和刷卡机上。随着便携电子产品日趋小型化，LED 背光源更具优势，背光源制作技术将向更薄、低功耗和均匀一致方面发展。LED 是手机关键器件，现阶段手机背光源用量非常大，一年要用 35 亿只 LED 芯片。目前我国手机生产量很大，而且大部分 LED 背光源还是进口的。对于国产 LED 产品来说，这是个极好的市场机会。

(4) LED 照明光源。早期的产品发光效率低，光强一般只能达到几个到几十个 mcd(光通量的空间密度，mcd 为毫坎德拉)，适用室内场合，在家电、仪器仪表、通信设备、微机及玩具等方面应用较多。目前，LED 光源正在逐步替代白炽灯和荧光灯，这种替代趋势已从局部应用领域开始发展。日本为节约能源，正在计划替代白炽灯的发光二极管项目(称为"照亮日本")，头五年的预算为 50 亿日元。如果 LED 替代半数的白炽灯和荧光灯，每年可节约相当于 60 亿升原油的能源，相当于五个 1.35×106 kW 核电站的发电量，并可减少二氧化碳和其他温室气体的产生，改善人们生活居住的环境。我国也于 2004 年投资了 50 亿，大力发展节能环保的半导体照明计划。

(5) 其他应用。例如一种受到儿童欢迎的闪光鞋，走路时内置的 LED 会闪烁发光，仅温州地区一年就要用 5 亿只发光二极管。此外，还可利用发光二极管作为电动牙刷的电量指示灯。据国内正在投产的制造商介绍，该 LED 灯具公司已有少量保健牙刷上市，预计批量生产时每年需要 3 亿只发光灯；近几年来，LED 圣诞灯悄然盛行开来，由于造型新颖、色彩丰富、不易碎破以及低压使用的安全性，近年来在东南亚地区销势强劲，受到人们的普遍欢迎。

(6) 家用室内照明。用于室内照明的 LED 产品越来受人欢迎，LED 筒灯、LED 天花灯、LED 日光灯、LED 光纤灯已悄悄地进入千家万户。

虽然 LED 由于性能优越，已在各行各业得到广泛应用，但相对于白炽灯等传统发光应用来说，LED 应用中需要专门控制器对其发光进行控制。因此，要使 LED 的各种特点优势得到发挥，必须要针对其应用要求，开发出相应的控制装置。

2. 项目功能

(1) 利用可调电阻控制 LED 亮度。

(2) 具有数码显示功能。

(3) 9 段亮度调整功能。

(4) PWM 调光。

3. 技术参数

(1) 额定工作电压：$10(1 \pm 5\%)$V。

(2) PWM 频率：2.4 kHz。

(3) 工作环境温度：$-10℃\sim+80℃$。

2.2.2　项目评估

1. 方案可行性论证

LED 发光控制器根据输入电压 VR_1 的值，控制 7 段数码管显示 0~9 之间的数字。同时，LED 的亮度也在 0~9 级之间改变。

根据项目需求，项目可以采取单片机控制方案和纯硬件方法实现。单片机控制方案智能化程度高，但成本较高，实用性和经济性较差。纯硬件方法包括可调变压电路、A/D 转换电路、数码管译码电路、数码管编码电路、脉冲信号产生电路、十进制计数电路、PWM 调制电路、LED 驱动放大电路等组成。所有电路均由常见常用的数字、模拟芯片及器件组成，价廉、实用，且兼顾了高效和环保。因此，本项目选择纯硬件实现方法，其功能原理框图如图 2.2.1 所示。

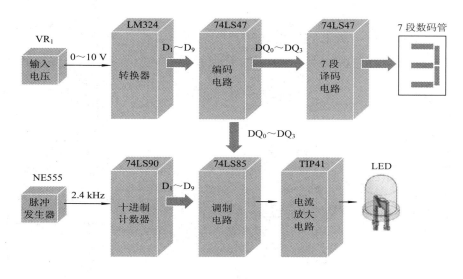

图 2.2.1　LED 发光控制器原理框图

2. 方案工作原理

电路由可调电阻调压电路、A/D 转换电路、编码电路、译码电路、555 脉冲发生电路、十进制计数器、PWM 调制电路、电流放大电路等组成。参考电路如图 2.2.2 所示。

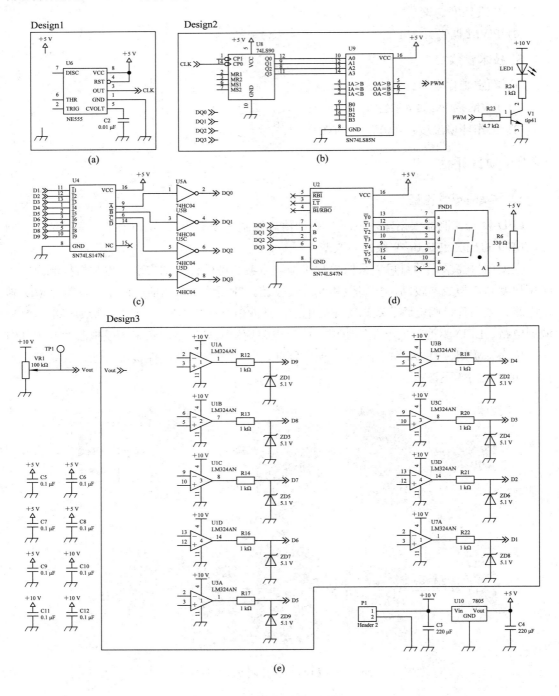

图 2.2.2　硬件设计参考电路

1) 调压电路

调压电路由可调电阻分压实现。可调电阻的两个固定端分别接地和 10 V 电源，可调端即为电压电路的输出。可调电阻一般有三个端口，其实物图如图 2.2.3 所示。

图 2.2.3　可调电阻实物图

2) A/D 转换电路

A/D 转换电路可由专用芯片实现，如 ADC0809。此种专用芯片组成的 A/D 转换电路一般与单片机控制系统组成实际应用系统。本项目中，A/D 转换电路由电阻分压电路及 LM324 比较电路组成，如图 2.2.2(e)所示。利用 LM324 组成 9 个比较器，9 个比较器的正输入分别接 10 个等值电阻构成的分压电路端口，负端口接可调电压电路的输出。根据调压电路输出与分压电路进行比较的结果输出 9 位数字信号，从而实现模拟电压到数字信号的转换。

项目中，LM324 为 A/D 转换器的核心器件，其四运放集成电路一般采用 14 脚双列直插塑料封装。电路功耗很小，工作电压范围宽，可用正电源 3～30 V 或正负双电源 ±1.5 V～±15 V 工作。它的输入电压可低到零电位，而输出电压范围为 0～U_{CC}。它的内部包含四组形式完全相同的运算放大器，除电源共用外，四组运放相互独立。运算放大器引脚图如图 2.2.4 所示，其中"+""−"为两个信号输入端，"U_{CC}"、"U_{EE}"为正、负电源端，"U_o"为输出端。图 2.2.5 给出了 LM324 的实物图。

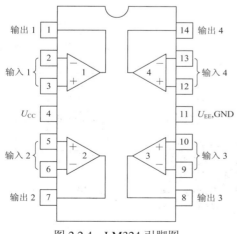

图 2.2.4　LM324 引脚图

图 2.2.5　LM324 实物图

3) 编码电路

编码电路是将模拟电压转换的 9 位数字信号转换为 4 位二进制信号，便于数码管译码电路应用，同时作为 PWM 调制电路的输入，改变 PWM 波形占空比。

编码电路可由 74LS147N 等专用芯片实现。74LS147N 优先编码器的输入端和输出端都是低电平有效，即当某一个输入端输入低电平 0 时，4 个输出端就以低电平 0 输出其对应的 8421 BCD 编码。当 9 个输入全为 1 时，4 个输出也全为 1，代表输入十进制数 0 的 8421 BCD 编码输出。图 2.2.6 和 2.2.7 分别给出了 74LS147N 芯片的引脚图及实物图。

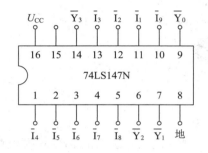

图 2.2.6　74LS147N 引脚图　　　　　　　图 2.2.7　74LS147N 实物图

4) 数码管译码电路

译码电路是将编码电路输出的 4 位二进制编码转化为数码管对应的数字，并驱动数码管发光。项目中采用 74LS47N 芯片作为数码管译码器。

74LS47N 是 BCD 七段数码管译码器/驱动器，用于将 BCD 码转化成数码块中的数字，通过它解码，可以直接把数字转换为数码管的显示数字，从而简化了程序，节约了单片机的 I/O 开销。图 2.2.8 和 2.2.9 分别给出了其引脚图及实物图。典型数码管驱动应用电路如图 2.2.10 所示。

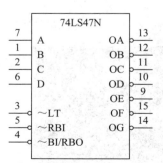

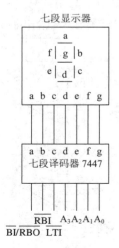

图 2.2.8　74LS47N 引脚图　　　图 2.2.9　74LS47N 实物图　　　图 2.2.10　典型数码管驱动应用电路

5) 555 脉冲发生电路

项目中 2.4 kHz 脉冲信号产生电路由 555 定时芯片实现,作为后续十进制计数器的触发脉冲。555 定时器成本低,性能可靠,只需要外接几个电阻、电容,就可以实现多谐振荡器、单稳态触发器及施密特触发器等脉冲产生与变换电路。它也常作为定时器广泛应用于仪器仪表、家用电器、电子测量及自动控制等方面。555 定时器作单稳态应用时,脉冲周期计算公式为 $t_W = 1.1RC$;作多谐振荡器时,脉冲周期计算公式为 $t = 0.693 \times (R_1 + 2R_2) \times C$。

6) 十进制计数器

十进制计数电路可由专用芯片 74LS90N 实现。74LS90N 计数器是一种中规模二-五-十进制异步计数器,引脚图如图 2.2.11 所示。R01、R02 是计数器置 0 端,同时为 1 有效;R91 和 R92 为置 9 端,同时为 1 有效。若 A 为输入,QA 为输出,计数器为二进制计数器;如 B 为输入,QB~QD 可输出五进制计数器;将 QA 与 B 相连,A 作为输入端,QA~QD 为输出十进制计数器;若 QD 与 A 输入端相连,B 为输入端,电路为二-五混合进制计数器。其实物图如图 2.2.12 所示。

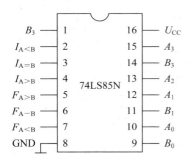

图 2.2.11 74LS90N 引脚图

图 2.2.12 74LS90N 实物图

7) PWM 调制电路

PWM 电路产生占空比可变的 PWM 波形,控制 LED 灯的亮度等级。PWM 调制波形可由专用控制芯片实现,如 UC3842 等,也可通过单片机编程实现。UC3842 等专用芯片在电源开发中应用较多,单片机在数字综合系统中应用较多,两者成本都较高。本项目中,PWM 电路通过模拟输入来控制占空比的大小,进而控制 LED 灯的亮度,并不需要复杂的控制芯片,所以选用 74LS85N 芯片来产生 PWM 波形。

74LS85N 是一个 4 位比较器电路芯片,其比较原理和两位比较器的比较原理相同。两个 4 位数的比较从 A 的最高位 A3 和 B 的最高位 B3 开始进行比较。如果 A3 ≠ B3,则该位的比较结果可以作为两数的比较结果;若最高位 A3 = B3,则再比较次高位 A2 和 B2,以此类推。显然,如果两数相等,那么比较步骤必须进行到最低位才能得到结果,其真值表如表 2.2.1 所示,其中 I 端口为级联控制端口,F 端口为输出端口。芯片引脚图如图 2.2.13 所示,实物图如图 2.2.14 所示。

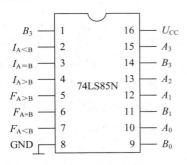

图 2.2.13　74LS85N 引脚图

图 2.2.14　74LS85N 实物图

表 2.2.1　74LS85 真值表

输　入							输　出		
$A_3 B_3$	$A_2 B_2$	$A_1 B_1$	$A_0 B_0$	$I_{A>B}$	$I_{A<B}$	$I_{A=B}$	$F_{A>B}$	$F_{A<B}$	$F_{A=B}$
$A_3>B_3$	X	X	X	X	X	X	H	L	L
$A_3<B_3$	X	X	X	X	X	X	L	H	L
$A_3=B_3$	$A_2>B_2$	X	X	X	X	X	H	L	L
$A_3=B_3$	$A_2<B_2$	X	X	X	X	X	L	H	L
$A_3=B_3$	$A_2=B_2$	$A_1>B_1$	X	X	X	X	H	L	L
$A_3=B_3$	$A_2=B_2$	$A_1<B_1$	X	X	X	X	L	H	L
$A_3=B_3$	$A_2=B_2$	$A_1=B_1$	$A_0>B_0$	X	X	X	H	L	L
$A_3=B_3$	$A_2=B_2$	$A_1=B_1$	$A_0<B_0$	X	X	X	L	H	L
$A_3=B_3$	$A_2=B_2$	$A_1=B_1$	$A_0=B_0$	H	L	L	H	L	L
$A_3=B_3$	$A_2=B_2$	$A_1=B_1$	$A_0=B_0$	L	H	L	L	H	L
$A_3=B_3$	$A_2=B_2$	$A_1=B_1$	$A_0=B_0$	X	X	H	L	L	H
$A_3=B_3$	$A_2=B_2$	$A_1=B_1$	$A_0=B_0$	H	L	L	L	L	L
$A_3=B_3$	$A_2=B_2$	$A_1=B_1$	$A_0=B_0$	L	H	L	H	H	L

8) LED 电流放大电路

项目中，74LS85N 的输出不能直接控制 LED，需要对输出的 PWM 信号进行放大后才能控制 LED。本项目选用 TIP41 三极管电路对 PWM 信号进行放大，进而控制 LED 的亮度。

TIP41 三极管是大功率三极管，极限工作电压为 100 V，最大电流允许值为 6 A，最大耗散率为 65 W，可广泛应用于小功率控制电路。图 2.2.15 给出了其 TO-220 封装图，图中 1、2、3 脚分别为三极管的 B(基极)、C(集电极)、E(发射极)。

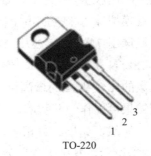

TO-220

图 2.2.15　TIP41 封装图

2.2.3 项目设计

1. 电路参数设计

LED 发光控制电路的设计是根据"改变输入模拟信号的大小，能够控制 LED 灯亮度强弱"的设计要求，正确地确定出输入电压电路、A/D 转换电路、数码管编码电路、数码管译码电路、脉冲发生电路、十进制计数器电路、PWM 调制电路、LED 电流放大电路等的性能参数，从而合理选择这些器件。

设计计算过程如下：

1) 电源电路

项目中用到 10 V 和 5 V 两种电源，10 V 电源主要为 LM324 比较器及调压电路提供电源，而 5 V 电源主要为各数字芯片提供电源。10 V 由外部直流电源提供，5 V 电源由三端集成稳压器 7805S 实现，具体电路如图 2.2.2 所示。

2) 2.4 kHz 脉冲发生电路

参照图 2.2.16 所示的不完整电路，使用 NE555 芯片设计 2.4 kHz 脉冲发生电路，为后续计数电路提供计数时钟。

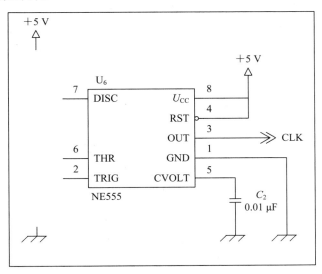

图 2.2.16 脉冲发生参考电路

电路图中已含有的元器件为 NE555 芯片(1 个)，电容 0.01 μF(1 个)。

除此之外可利用的元器件为电阻 10 kΩ(2 个)，电阻 20 kΩ(2 个)，电阻 30 kΩ(2 个)，电容 0.01 μF(2 个)。

实际设计中，注意可能有不需要的器件。脉冲周期可以由如下公式计算

$$T = 0.693 \times (R_1 + 2R_2) \times C$$

将 2.4 kHz 换算为时间，带入即可计算。由于电容只能选择 0.01 μF，则在误差范围内

可选择的 R_A 和 R_B 均为 20 kΩ 的电阻。

3) PWM 调制电路

参照如图 2.2.17 所示的不完整电路, 利用 74LS90 产生十进制计数脉冲, 并与 74LS85N 芯片的 A0~A3 端口连接。同时, 将编码器输出端口 DQ0~DQ3 与 74LS85N 芯片的 B0~B3 端口连接, 将两组二进制数据进行比较, 其 $O_{A<B}$ 输出口作为 PWM 输出口, 产生占空比可变的 PWM 波。其中, 74LS90 计数器的输出时序如表 2.2.2 所示, PWM 调制电路时序对应关系如表 2.2.3 所示。

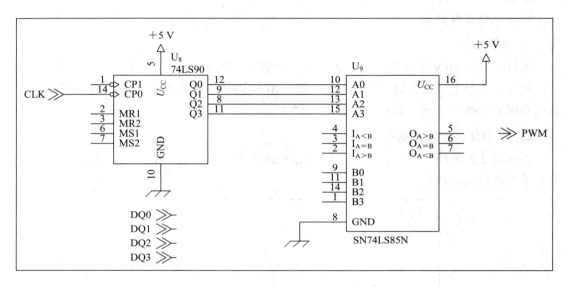

图 2.2.17　PWM 调制参考电路

表 2.2.2　U_8(74LS90)的输出 Q0~Q3

输　入	输　　出			
CLK	Q3	Q2	Q1	Q0
↓	0	0	0	0
↓	0	0	0	1
↓	0	0	1	0
↓	0	0	1	1
↓	0	1	0	0
↓	0	1	0	1
↓	0	1	1	0
↓	0	1	1	1
↓	1	0	0	0
↓	1	0	0	1

表 2.2.3 DQ0～3 对应的 PWM 占空比

输 入				输 出
DQ3	DQ2	DQ1	DQ0	PWM 占空比
0	0	0	0	0%
0	0	0	1	10%
0	0	1	0	20%
0	0	1	1	30%
0	1	0	0	40%
0	1	0	1	50%
0	1	1	0	60%
0	1	1	1	70%
1	0	0	0	80%
1	0	0	1	90%

4) A/D 转换电路

参照如图 2.2.2(e)中的 Design 3 所示的不完整电路，使用给定的元器件设计 A/D 转换器，其输入、输出对应关系如表 2.2.4 所示。

表 2.2.4 A/D 转换器输入输出对应表

输入	输 出								
U_i / V	D1	D2	D3	D4	D5	D6	D7	D8	D9
0～0.9	1	1	1	1	1	1	1	1	1
1.0～1.9	0	1	1	1	1	1	1	1	1
2.0～2.9	0	0	1	1	1	1	1	1	1
3.0～3.9	0	0	0	1	1	1	1	1	1
4.0～4.9	0	0	0	0	1	1	1	1	1
5.0～5.9	0	0	0	0	0	1	1	1	1
6.0～6.9	0	0	0	0	0	0	1	1	1
7.0～7.9	0	0	0	0	0	0	0	1	1
8.0～8.9	0	0	0	0	0	0	0	0	1
9.0～10.0	0	0	0	0	0	0	0	0	0

设计中可利用的元器件为运放芯片 LM324(3 个)，5.1 V 的齐纳二极管(9 个)，电阻 1 kΩ(9 个)，电阻 4.7 kΩ(10 个)。

根据表 2.2.4 可知，10 V 电源电压被分成 10 个区间。要实现模拟信号到数字信号的转变，需要选择 9 个关键电压和调压电路的输出进行比较，此处选择 1 到 9 V 共 9 个整数电压作为比较电压，然后与由可调电阻组成的调压电路输出模拟电压进行比较，实现模拟信号到 9 位数字信号的转换。其中，比较器选择 LM324，调压电路的输出接到 9 个比较电路的负输入端，9 个关键点电压可通过 10 个 4.7 kΩ 电阻分压得到，其输出接到 LM324 的正输入端。

5) 数码管编码及译码

要实现对数码管的控制，必须对 A/D 转换电路输出的 9 位数字信号进行编码及译码。项目中采用 74LS147N 芯片对 9 位数字信号进行编码。由于 74LS147N 优先编码器的输入端和输出端都是低电平有效，故 74LS147N 的输出信号需加反相器，从而实现 0～10 V 模拟信号到 4 位二进制数(0～9 十进制数)的转换。74LS147N 产生的 4 位二进制数再通过 74LS47N 译码器转换为 0～9 的数字，驱动数码管显示相应数字。具体电路参考图 2.2.2。

2. 电路仿真

验证电路设计是否合理，仿真是一种有效手段。开发中，可在 Multisim 软件中建立如图 2.2.18 所示仿真模型，通过仿真手段抓取电路波形，检验电路是否能正常工作，以提高开发效率，降低开发成本。图 2.2.19、2.2.20、2.2.21、2.2.22 分别给出了输入调压信号与 PWM 对比波形、编码器输出波形、十进制计数器输出信号波形、2.4 kHz 脉冲信号与 PWM 对比波形。

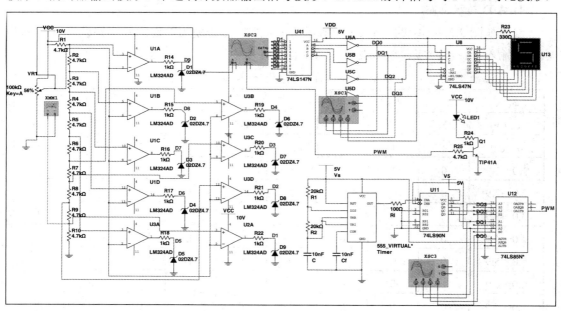

图 2.2.18　电路仿真模型

仿真中将可调电阻调到 5.6 k，即输入电压为 5.6 V。根据设计目标，数码管将显示"5"，如图 2.2.18 所示。从仿真结果可以看出，当输入为 5.6 V 的模拟电压时，编码器的输出为"0101"二进制编码，译码器驱动数码管输出为"5"，同时 PWM 的占空比为 50%，驱动 LED 发光。根据不同的输入电压信号，数码管显示将会变化，且 PWM 占空比也将随之改变，控制 LED 发光的亮度。由仿真结果看出，电路设计符合要求。仿真完成后，根据仿真波形读取关键波形数据，完成如表 2.2.5 所示的测试表格，并由此判断电路设计的合理性。

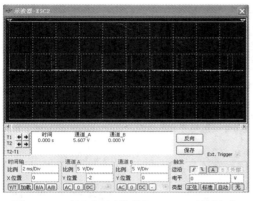

图 2.2.19　输入调压信号与 PWM 对比波形

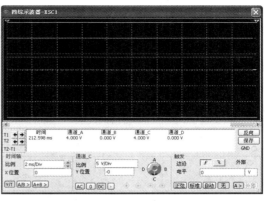

图 2.2.20　5.6 V 输入电压对应的编码器输出波形

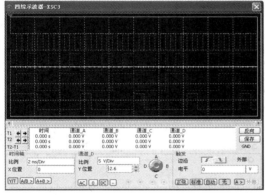

图 2.2.21　十进制计数器输出波形

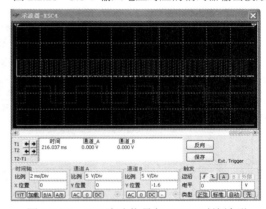

图 2.2.22　555 脉冲信号与 PWM 对比波形

表 2.2.5　电路各电压参数仿真值

序号	测试项目	测试电压指标值/V	结　论	备注
1	输入调压信号幅值			
2	编码器输出端口电压值			
3	十进制计数器输出电压			
4	2.4 kHz 脉冲电路输出电压			
5	PWM 调制波形			

3. 原理图设计

完成电路设计并仿真验证后，应将前期开发设计成果总结归档，即设计出产品的总电路原理图，以便为后续的 PCB 设计、电路的组装、调试和维护提供依据。系统电路原理图设计要与行业标准接轨，以免设计后的原理图无法在业界内识读。本书利用 Multisim 软件绘制了如图 2.2.23 所示原理图(书中未加特殊标注的原理图均由 Multisim 软件绘制)。在原理图页面中，除了电气连接图，同时要有标题栏等内容，且标题栏中应有公司 Logo、项目或文档名称、设计者、检查者、审核者、文档编号及版本、建档日期、文档尺寸等信息。

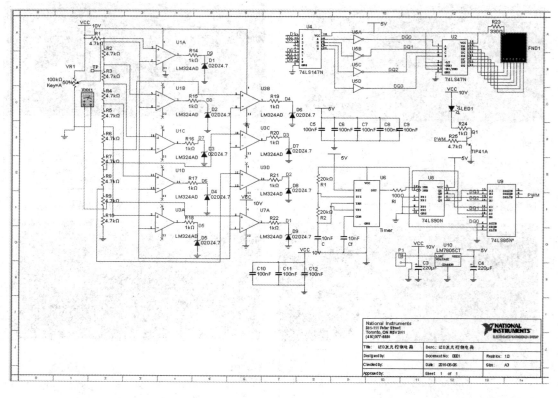

图 2.2.23　LED 发光控制电路原理图

4. 元器件清单

LED 发光控制电路元器件清单如表 2.2.6 所示。

表 2.2.6　LED 发光控制电路元器件清单

序号	名称	规格	型号	数量	封装方式	序号	名称	规格	型号	数量	封装方式
1	电容	16 V	471	1	RAD0.2	12	电阻	1/8 W	470	1	AXIAL0.3
2	电容	16 V	102	1	RAD0.2	13	电阻	1/8 W	1 k	1	AXIAL0.3
3	电容	16 V	103	2	RAD0.2	14	电阻	1/8 W	2.2 k	2	AXIAL0.3
4	电容	16 V	104	2	RAD0.2	15	电阻	1/8 W	4.7 k	1	AXIAL0.3
5	电容	16 V	1 μF	2	CD2.0	16	电阻	1/8 W	8.2 k	1	AXIAL0.3
6	电容	16 V	10 μF	4	CD2.0	17	电阻	1/8 W	22 k	5	AXIAL0.3
7	电容	16 V	47 μF	1	CD2.0	18	电阻	1/8 W	33 k	3	AXIAL0.3
8	电容	16 V	100 μF	1	CD2.5	19	电阻	1/8 W	470 k	4	AXIAL0.3
9	电容	16 V	470 μF	1	CD2.5	20	电阻	1/8 W	10 k	4	AXIAL0.3
10	电阻	1/4 W	0.33	1	AXIAL0.4	21	电阻	1/8 W	47 k	5	AXIAL0.3
11	电阻	1/4 W	100	1	AXIAL0.4	22	电阻	1/8 W	68 k	2	AXIAL0.3

续表

序号	名称	规格	型号	数量	封装方式	序号	名称	规格	型号	数量	封装方式
23	电阻	1/8 W	220 k	1	AXIAL0.3	36	二极管	3 mm 红色	LED	1	LED1
24	电位器	3296	50 k	1	RTX	37	二极管	5 mm 白色	LED	1	LED
25	光敏电阻			1	HR	38	芯片	LM358		1	DIP8
26	MIC			1	MN	39	芯片	CD4011		1	DIP14
27	电感		220 μH	1	LT	40	芯片	NE555		2	DIP8
28	蜂鸣器	5 V		1	SPK	41	芯片	MC34063		1	DIP8
29	管座	2.54 mm	BP	4	DIPS	42	铜柱	M3*6		4	
30	管座	2.54 mm	14P	1	DIP14	43	螺母	M3		4	
31	插针/座	2.54 mm	2PIN	1	PIN2	44	平垫片	M3		4	
32	三极管		9013	2	ECY-W3/E4	45	弹簧垫片	M3		4	
33	二极管		1N4148	4	DIODE0.4	46	电源线	红黑	带头	1	
34	二极管		1N5819	1	DIODE0.4	47	独股线	0.3 mm^2	绿色	0.5 m	
35	二极管		1N4007	1	DIODE0.4	48	插针	1P		10	

2.2.4 项目组装与调试

1. 电路焊接与组装

根据设计参数,按图 2.2.23 所示电路设计印刷电路板。单层 PCB 的尺寸是 160 mm × 100 mm。四角设计直径为 120 mil 的安装孔,安装孔中心距板两个边缘的距离为 120 mil。利用软件在 Mechanical 层标注尺寸,线宽不小于 10 mil,安全距离不小于 10 mil。

在 PCB 布局设计实践中,要从信号流向入手,从输入到输出逐步对元器件进行布局及布线,要求器件布局合理,不能有飞线及跳线。

在 PCB 布局设计中,设计者只能使用给定的元器件来设计电路。如下器件的放置必须如图 2.2.24 所示:FND1(七段数码管),LED1,P1(电源 2 针插座),U10(LM7805 三端集成稳压器),VR1(100 k 可调电阻),Q1(TIP41 三极管);同时将"No.:XX"的"XX"替换为自己的工位号。除了上述元器件之外,其余器件在兼顾电气稳定性能后,可以任意摆放。

完成设计后,需提交以下文件,其中"XX"为学生的两位工位号:

(1) "声控报警器-PCB 图-XX. PcbDoc"文件;

(2) PCB 板"Top Overlay"、"Keep-Out Layer"和标注尺寸的"Mechanical 层"1:1 比例的"声控报警器-PCB 图 A-XX. pdf"文件;

(3) PCB 板"Bottom Layer"1:1 比例的"声控报警器-PCB 图 B-XX. pdf"文件。

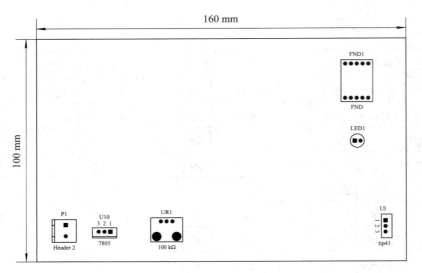

图 2.2.24 PCB 布局图

PCB 设计成功之后，将发到 PCB 制造厂家进行制板。对于制作好的 PCB 板，设计制作者必须检查和测量，并同时清点如表 2.2.6 所示的元器件，确认没有错误之后，方可进行焊接与组装。

焊接组装时，先组装焊接 7805 电源电路，安装时要注意电解电容的极性不要接反。安装完成后接 10 V 外接电源，用万用表或示波器测量 7805 输出电压是否为 5 V。

如果电源电路正常，再进行调压电路及电阻分压电路的焊接。组装和焊接时，可调电阻不要接错；焊接完成后转动可调电阻，测量其第 3 脚输出电压的变化是否可以从 0 变到 10 V，并测试 9 个均压点是否正常；并将完成的电路和 LM324 比较器电路进行连接，然后给 LM324 加 5 V 直流电源，测试比较器输入端口电压是否正常，判断比较电路工作是否正常。

运放比较电路焊接好后，进行编码器电路、译码电路及数码管的焊接。焊接时，注意芯片引脚顺序。焊接好后给两芯片及数码管加 5 V 直流电源，调整可调电阻，观察数码管显示是否正常。

数码显示完成后，可对 555 脉冲发生电路、计数电路及 PWM 调制进行焊接。焊接时注意各芯片引脚顺序，焊接好后，和前期焊接好的数码显示中的编码电路进行连接，并给各芯片加 5 V 直流电源，调整可调电阻大小，观察 LED 灯亮度的变化是否正常。

确定整个电路焊接完好后，接通电源，调整可调电阻的大小，观察数码管显示数字是否正确。同时观察输出 LED 亮度是否能受控制，若数码管显示可变，LED 灯随数字大小不同而亮度不同，说明 LED 发光控制电路中各级电路都能正常工作，此时就可以进行各项指标的测试。

焊接组装时要从信号流向入手，从输入到输出逐步对器件进行布局及布线，要求器件布局合理，焊接布线不能有飞线及跳线，所有焊点及布线要均匀。组装完成的参考 PCB 板如图 2.2.25 所示。

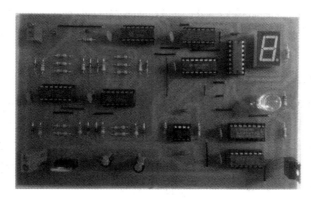

图 2.2.25　参考样板

2. 性能调试

1) 通电前的检查

电路板焊接组装好后，不可急忙通电，应该首先认真细致地检查，确认无误后方能通电。检查包括自检，互检等步骤。经过检查均无问题后，方可通电调试。

通电前检查，主要有以下三方面的内容：

(1) 检查元器件安装是否正确。尤其需要注意的是三端集成稳压器的型号、电容器的耐压大小和极性、电阻的阻值和功率是否与设计图纸相符，如果不符，有可能在通电时烧坏器件。

(2) 检查焊接点是否牢固，特别要仔细检查有无漏焊、虚焊和错焊；对于靠得很近的相邻焊点，要注意检查金属毛刺是否短路，必要时可以用万用表进行测量。

(3) 检查电路接线是否有误。根据原理图用万用表逐根对导线进行测试，发现问题及时纠正。

2) 上电调试

调试仪器和工具：信号发生器，数字示波器，数字万用表，直流电源，螺丝刀，镊子，电烙铁等。

为保证 LED 发光控制电路的正常工作，其必须工作在额定范围内。焊接组装完成后，必须通过调试验证来检验设计的合理性。装配完成之后，按照表 2.2.7 所示步骤进行调试，并对 LED 发光控制电路的各种状态进行测试。

表 2.2.7　LED 发光控制电路测试步骤

序号	测 试 现 象
1	检查 NE555(U6)管脚 3 产生的 2.4 kHz 方波，允许误差 ±20%
2	通过调整 VR1，使 TP 的电压在 0～10 V 之间变化
3	FND 显示 TP 的电压在个位数 0～9 V 之间
4	根据 FND 显示的数字，检查 LED 亮度的变化
5	根据 FND 显示的数字，检查 Q1(TIP41)管脚 2 输出波形的占空比

数码显示部调整：调整电位器 VR1，当可调电阻从小到大调整时，数码管将逐步显示"0～9"10 个数字。如果某个数字显示不正常，可试着调试相对应的均压电阻。同时注意相关芯片的使能端是否连接正确。

PWM 调制电路调整：调整 555 芯片周边电阻及电容参数，使其输出脉冲频率为 2.4 kHz 左右；74LS85N 比较器输出的 7 端口作为 PWM 输出口，调整可调电阻大小，观察 PWM 输出是否正常。如有尖峰脉冲，可在输出口加电容滤除。

实际调试中，可根据上述步骤进行性能测试，并在表 2.2.8、表 2.2.9 中记录测试结果。同时根据设计性能参数需求，对比测试值与需求的差异性，从而检验设计是否合格。如果不合格，在结论栏填写不合格字样，在备注栏填写测试仪器、方法、现象等内容，并根据测试现象，对产品设计进行修正，直至调试合格。并能在调试过程中，发现设计、焊接、组装等问题，并能整理出解决问题的方法。

表 2.2.8 声光灵敏度测试

序号	测试项目	测试结果	结 论	备注
1	555 脉冲波形频率			
2	LED 亮度变化			
3	数码管显示			
4	PWM 占空比			

表 2.2.9 关键电压测试值

序号	测试项目	测试值/V	结 论	备注
1	可调电阻输出电压(TP)			
2	10 个电阻的均压电压			

3. 声控电路的检修

LED 发光控制电路在焊接组装和使用过程中，由于器件、仪器设备、环境以及人为等因素，组装完成的成品或使用之后的成品会出现各种各样的故障，并不一定能完全能满足性能指标要求。因此，必须在声控电路产品焊接组装完成后或者使用一定周期后，进行必要的检测与维修。

1) 表面初步检查

LED 发光控制电路一般装有电源连接端子以及继电器开关等元器件，应先检查端子及继电器触点接有否松脱或对地短路；查看集成电路有否焦味，电阻、电容有否烧焦、霉断、漏液、炸裂等明显的损坏现象。

2) 测量集成电路电源电压

LED 发光控制电路中都有集成电路的输入电压。如果这些电源电压不稳定或超出集成电路电源电压要求范围，则控制电路将会出现各种故障。因此检修时，要首先测量有关的电源电压是否正常。

3) 测试电子器件

如果电源电压正常，而输出显示不正常或 PWM 占空比不正确，则需进一步测试各集成电路的性能是否良好。如果发现有损坏、变值的器件，通常更新后即可使声控电路恢复正常。

4) 分析电路原理

如果发现某个晶体管的工作点电压不正常，有两种可能：一是该晶体管损坏；二是电路中其他元器件损坏所致。对于电源管理芯片，可以用同样方法进行分析。这时就必须仔细地根据电路原理图来分析发生问题的原因，进一步查明损坏、变值的元器件。

2.2.5 项目归档

通常，一个好的产品项目主要经历设计、调试和项目归档三个阶段。从时间分配上来说，大概各占三分之一时间。因此，项目文档整理及存档是每个工程师或学徒必须掌握的技能。

1. 总体要求

项目归档不是简单文档的堆积，它是项目开发、管理过程中形成的具有保存价值的各种形式的历史记录，包括项目评估、立项、开发设计、调试、验收整个过程中所形成的大量文件材料。因此，项目归档的总体要求是：整理存档后的项目文档是能指导他人完成 LED 发光控制电路开发的指导性文件。

2. 内容要求

(1) 完成项目评估报告，包括成本分析、进度分析、技术风险分析及市场风险分析等。

(2) 完成设计报告撰写，包括参数设计分析、设计步骤、电路原理图、PCB 布局布板等。

(3) 整理完成测试报告，包括调试过程说明、仪器仪表使用说明、测试数据记录分析，开发问题列表等。

(4) 分析项目测试现象及可能采取的措施，总结实验中所遇到的故障、原因及排除故障情况。

(5) 完成项目结题报告，通过分析测试结果，判断项目是否符合设计需求。如符合设计需求，应同时完成产品使用说明、总结报告等文档。

2.2.6 绩效考核

在项目实践中，可参考企业绩效考核制度对学生进行评价与考核，以提升学生的项目实践技能，培养学生良好职业素养。

具体绩效/发展考核标准如表 2.2.10 所示。

绩效/发展考核分为五个部分(态度意愿、专业技能、沟通协调、问题解决、学习发展)，每个部分占总评成绩的 20%。考核以自我评价和教师评价相结合的方式进行，最终考核成绩由教师核定，并针对每项考核项目的成绩具体提出实例说明原因，以达到公开、公平、有效的效果。

表2.2.10 绩效/发展考核表

项目名称：LED发光控制电路

姓名		学号		考核日期		考核人	

评分标准(自评者填第1格，教师(主管)填第2格)

考核项目	优秀 20	良好 17~19	一般水准 13~16	需改进 8~12	急需改进 0~7	评价说明
态度意愿	1.___ 2.___ ①工作态度非常积极、主动性高，具有正面影响他人的能力；②愿意接受挑战，承担更大责任与压力	1.___ 2.___ ①工作态度佳，配合度高；②乐于接受老师所布置的任务，可承受压力	1.___ 2.___ ①愿意配合工作安排；②完全按照老师指示完成任务，尚愿意承受压力	1.___ 2.___ ①被动、积极性不高，配合度尚可；②不愿承担工作及学习的责任与压力	1.___ 2.___ ①对自己工作与学习不关心，易推卸责任；②不愿服从老师的指导	
专业技能	1.___ 2.___ ①深具专业知识与技能；②能完整分析专业领域的问题并解决	1.___ 2.___ ①具有相当的专业知识与技能；②能分析判断专业领域问题并解决	1.___ 2.___ ①具有一般专业知识与技能；②具有一般的分析、判断能力可应付问题	1.___ 2.___ ①专业知识不足；②分析、判断能力不足，需进一步训练	1.___ 2.___ ①专业知识明显不足；②缺乏专业领域的分析、判断能力	

续表

考核项目	评分标准(自评者填第1格，教师(主管)填第2格)					评价说明
	优秀 20	良好 17~19	一般水准 13~16	需改进 8~12	急需改进 0~7	
沟通协调	1.___ 2.___ ①擅于表达，能获得他人信任并建立良好的合作关系；②能影响他人，促成团队有效达成目标	1.___ 2.___ ①能具体表达，获得他人的信任与合作；②能高度配合团队合作	1.___ 2.___ ①能自由沟通，得到他人配合；②愿配合团队运作	1.___ 2.___ ①无法进行有效沟通，也无法取得别人信任；②偶有不愿配合他人的情形，只为一己私利	1.___ 2.___ ①不擅表达，不愿与人沟通；②自我为中心，不愿配合团队合作	
问题解决	1.___ 2.___ 能有效分析与解决问题，并能防止问题再次发生	1.___ 2.___ 能分析问题并找出解决方法	1.___ 2.___ 对于所遇到的问题，需寻求他人指导才能解决	1.___ 2.___ 无法有效解决问题，需依赖他人协助才能解决	1.___ 2.___ 无法了解问题发生的原因，也不愿处理	
学习发展	1.___ 2.___ 具有高度学习意愿，能配合组织需要，主动有计划地提升个人能力	1.___ 2.___ 具有主动学习意愿，能配合组织的安排积极发展个人能力	1.___ 2.___ 不排斥个人学习成长机会，愿意参与组织安排的教育训练	1.___ 2.___ 满足现状，不主动提升工作能力	1.___ 2.___ 排斥学习机会，参与教育训练课程意愿低	

考核得分

备注：

1. 请画出 74LS90 的典型应用电路，并指出其正常输出的条件。
2. 试画出 LM324 典型应用电路。
3. 请总结七段数码管的工作原理。

第三章　Multisim 10 简介

在众多的 EDA 仿真软件中，Multisim 软件界面友好，功能强大，易学易用，受到电子类设计开发人员的青睐。它用软件方法虚拟电子元器件及仪器仪表，将元器件和仪器集合为一体，可对原理图设计、电路测试进行仿真。

Multisim 来源于加拿大图像交互技术公司(Interactive Image Technologies，简称 IIT 公司)推出的以 Windows 为基础的仿真工具，原名 EWB。IIT 公司于 1988 年推出了一个用于电子电路仿真和设计的 EDA(Electronics Work Bench，电子工作台)工具软件，以界面形象直观、操作方便、分析功能强大、易学易用而得到迅速推广使用。1996 年，IIT 推出了 EWB 5.0 版本。在 EWB 5.x 版本之后，从 EWB 6.0 版本开始，IIT 对 EWB 进行了较大变动，名称改为 Multisim(多功能仿真软件)。

IIT 后被美国国家仪器(National Instruments，NI)公司收购，软件更名为 NI Multisim。Multisim 经历了多个版本的升级，已经有 Multisim 2001、Multisim 7、Multisim 8、Multisim 9、Multisim 10 等版本；Multisim 9 版本之后增加了单片机和 LabVIEW 虚拟仪器的仿真和应用。

本书以 Multisim 10 为例介绍其基本操作。

3.1 Multisim 10 用户界面

本节将简要地介绍 Multisim 10 的基本操作和命令。启动 Multisim 10，将出现如图 3.1.1 所示的 Multisim 10 用户界面。

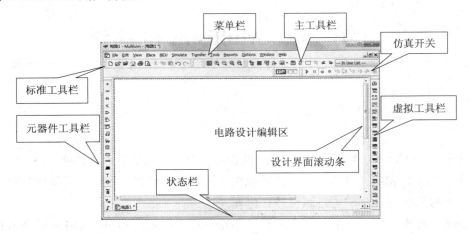

图 3.1.1 Multisim 10 用户界面

Multisim 10 用户界面主要由菜单栏(Menu Bar)、标准工具栏(Standard Toolbar)、在用的元器件列表(In Use List)、仿真开关(Simulation Switch)、图形注释工具栏(Graphic Annotation Toolbar)、项目栏(Project Bar)、元器件工具栏(Component Toolbar)、虚拟工具栏(Virtual Toolbar)、电路窗口(Circuit Windows)、仪器工具栏(Instruments Toolbar)、电路标签(Circuit Tab)、状态栏(Status Bar)和电路元器件属性视窗(Spreadsheet View)几部分组成。下面分别对上述各部分内容进行介绍。

3.1.1 菜单栏

菜单栏与其他 Windows 应用程序类似，提供了本软件几乎所有的功能命令。

Multisim 10 菜单栏中包含 12 个主菜单，如图 3.1.2 所示，分别为文件(File)菜单、编辑(Edit)菜单、窗口显示(View)菜单、放置(Place)菜单、微控制器(MCU)菜单、仿真(Simulate)菜单、文件输出(Transfer)菜单、工具(Tools)菜单、报告(Reports)菜单、选项(Options)菜单、窗口(Window)菜单和帮助(Help)菜单。每个主菜单下都有一个下拉菜单，用户可以从中找到电路文件的存取、SPICE 文件的输入和输出、电路图的编辑、电路的仿真与分析以及在线帮助等各功能的命令。

| File | Edit | View | Place | MCU | Simulate | Transfer | Tools | Reports | Options | Window | Help |

图 3.1.2 菜单栏

(1) 文件(File)菜单：主要用于管理所创建的电路文件，如打开、保存和打印等，如图 3.1.3 所示。

New	Ctrl+N	建立新文件
Open...	Ctrl+O	打开已存文档
Close		关闭当前文档
Save	Ctrl+S	保存当前文档
Save As...		另存文档
New Project...		新建设计项目
Open Project...		打开已存设计项目
Save Project		保存设计项目
Close Project		关闭设计项目
Version Control...		版本管理
Print Circuit	▶	打印当前电路图
Print Reports	▶	打印报告
Print Instruments		打印当前仪表波形图
Print Setup...		打印机设置
Recent Files	▶	选择最近打开过的文档
Recent Projects	▶	选择最近打开过的专题文档
Exit		退出

图 3.1.3　文件(File)菜单

(2) 编辑(Edit)菜单：用于在电路绘制过程中对电路和元器件进行各种技术性处理，如图 3.1.4 所示。

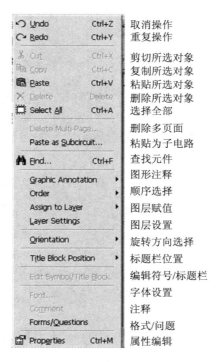

Undo	Ctrl+Z	取消操作
Redo	Ctrl+Y	重复操作
Cut	Ctrl+X	剪切所选对象
Copy	Ctrl+C	复制所选对象
Paste	Ctrl+V	粘贴所选对象
Delete	Delete	删除所选对象
Select All	Ctrl+A	选择全部
Delete Multi-Page...		删除多页面
Paste as Subcircuit...		粘贴为子电路
Find...	Ctrl+F	查找元件
Graphic Annotation	▶	图形注释
Order	▶	顺序选择
Assign to Layer	▶	图层赋值
Layer Settings		图层设置
Orientation	▶	旋转方向选择
Title Block Position	▶	标题栏位置
Edit Symbol/Title Block		编辑符号/标题栏
Font...		字体设置
Comment		注释
Forms/Questions		格式/问题
Properties	Ctrl+M	属性编辑

图 3.1.4　编辑(Edit)菜单

(3) 窗口显示(View)菜单：用于确定仿真界面上显示的内容以及电路图的缩放和元器件的查找，如图 3.1.5 所示。

Full Screen		全屏
Parent Sheet		层次
Zoom In	F8	放大
Zoom Out	F9	缩小
Zoom Area	F10	放大面积
Zoom Fit to Page	F7	放大到合适页面
Zoom to Magnification...	F11	按比例放大
Zoom Selection	F12	放大选择
Show Grid		显示栅格
Show Border		显示边界
Show Page Bounds		显示页边界
Ruler Bars		标尺栏
Status Bar		状态栏
Design Toolbox		设计工具箱
Spreadsheet View		扩展显示窗口
Circuit Description Box	Ctrl+D	电路描述工具箱
Toolbars		工具箱
Show Comment/Probe		显示注释/标注
Grapher		图形编辑器

图 3.1.5　窗口显示(View)菜单

(4) 放置(Place)菜单：提供在电路窗口内放置元器件、连接点、总线和文字等命令，其下拉菜单如图 3.1.6 所示。

Component...	Ctrl+W	放置元件
Junction	Ctrl+J	放置节点
Wire	Ctrl+Q	放置导线
Bus	Ctrl+U	放置总线
Connectors		放置连接器
New Hierarchical Block...		放置层次模块
Hierarchical Block from File...	Ctrl+H	
Replace by Hierarchical Block...	Ctrl+Shift+H	替换层次模块
New Subcircuit...	Ctrl+B	创建子电路
Replace by Subcircuit...	Ctrl+Shift+B	替换子电路
Multi-Page...		设置多页
Merge Bus...		合并总线
Bus Vector Connect...		总线矢量连接
Comment		注释
Text	Ctrl+T	放置文字
Graphics		放置图形
Title Block...		放置标题栏

图 3.1.6　放置(Place)菜单

(5) 微控制器(MCU)菜单：提供在电路工作窗口内 MCU 的调试操作命令，其下拉菜单如图 3.1.7 所示。

No MCU Component Found	微控制器元件
Debug View Format ▶	调试模式选择
MCU Windows...	微控制器显示窗口
Show Line Numbers	显示行号
Pause	暂停
Step Into	调试器命令 Step Into
Run to Cursor	执行到光标处
Step Over	调试器命令 Step Over
Step Out	调试器命令 Step Out
Toggle Breakpoint	切换断点
Remove All Breakpoints	删除所有断点

图 3.1.7 微控制器(MCU)菜单

(6) 仿真(Simulate)菜单：提供电路仿真设置与操作命令，其下拉菜单如图 3.1.8 所示。

Run F5	开始仿真
Pause F6	暂停仿真
Stop	停止仿真
Instruments ▶	选择仪器仪表
Interactive Simulation Settings	交互式仿真设置
Digital Simulation Settings	数字仿真设置
Analyses ▶	仿真分析方法
Postprocessor	启动后处理器
Simulation Error Log/Audit Trail	仿真误差记录/查询索引
XSPICE Command Line Interface	XSpice 命令界面
Load Simulation Settings...	导入仿真设置
Save Simulation Settings...	保存仿真设置
Auto Fault Option...	自动故障选项
VHDL Simulation	VHDL 仿真
Dynamic Probe Properties	动态探针属性
Reverse Probe Direction	反向探针方向
Clear Instrument Data	清除仪器数据
Use Tolerances	使用公差

图 3.1.8 仿真(Simulate)菜单

(7) 文件输出(Transfer)菜单：提供将仿真结果传输给其他软件处理的命令，其下拉菜单如图 3.1.9 所示。

图 3.1.9　文件输出(Transfer)菜单

(8) 工具(Tools)菜单：主要用于编辑和管理元器件库和其内的元器件，其下拉菜单如图 3.1.10 所示。

图 3.1.10　工具(Tools)菜单

(9) 报告(Reports)菜单：提供材料清单、元器件和网表等报告命令，其下拉菜单如图 3.1.11 所示。

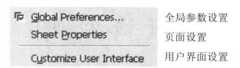

Bill of Materials	物料清单
Component Detail Report	元件信息报告
Netlist Report	网络表报告
Cross Reference Report	参照表报告
Schematic Statistics	原理图统计报告
Spare Gates Report	剩余门电路报告

图 3.1.11　报告(Reports)菜单

(10) 选项(Options)菜单：用于定制电路的界面和设定电路的某些功能，其下拉菜单如图 3.1.12 所示。

Global Preferences...	全局参数设置
Sheet Properties	页面设置
Customize User Interface	用户界面设置

图 3.1.12　选项(Options)菜单

(11) 窗口(Windows)菜单：为用户提供了几种可供选择的窗口排列方式，如图 3.1.13 所示。

New Window	建立新窗口
Close	关闭窗口
Close All	关闭所有窗口
Cascade	窗口层叠
Tile Horizontal	窗口水平平铺
Tile Vertical	窗口垂直平铺
1 电路1	当前电路
Windows...	窗口选择

图 3.1.13　窗口 Windows 菜单

(12) 帮助(Help)菜单：主要为用户提供在线技术帮助和使用指导，其下拉菜单如图 3.1.14 所示。

Multisim Help	F1	帮助主题目录
Component Reference		帮助元件索引
Patents		专利权
Release Notes		版本注释
File Information	Ctrl+Alt+I	文件信息
About Multisim		Multisim 说明

图 3.1.14　帮助(Help)菜单

3.1.2 标准工具栏

标准工具栏如图 3.1.15 所示，它包含了两个部分，左边部分是常用的系统工具栏，包含一些如文件新建、打开、保存等的基本功能，与 Windows 应用软件的基本功能相同；右边部分是视图工具栏，如图 3.1.16 所示。

图 3.1.15　系统工具栏

图 3.1.16　设计工具栏

3.1.3 主工具栏

主工具栏是 Multisim 10 操作的核心，使用它可进行电路的建立、仿真及分析，并最终输出设计数据等操作。虽然前述菜单中也可以执行这些设计功能，但使用设计工具栏进行电路设计更方便易用。设计工具栏按钮从左至右排列如图 3.1.17 所示。

图 3.1.17　主工具栏

3.1.4 元器件工具栏

Multisim 10 将所有的元器件模型分别放到 18 个元器件分类库中，每个元器件库中放置同一类型的元器件。由这 18 个元器件库按钮(以元器件符号区分)组成的元器件工具栏通常放置在电路工作区的左边，也可将该工具栏任意移动。为编写方便，将元器件工具栏横向放置，如图 3.1.18 所示。为了仿真时取用元器件方便，Multisim 10 提供了常用的虚拟元器件栏，该栏只包括一些常用的虚拟元器件，不包括现实元器件。

图 3.1.18 元器件工具栏

元器件工具栏从左到右分别为：电源库、基本元器件库、二极管库、晶体管库、运算放大器库、TTL 元器件库、CMOS 元器件库、其他数字元器件库、混合元器件库、显示模块库、功率元件库、其他元器件库、高级外围电路库、高频元器件库、机电类元器件库、放置 MCU 模块、放置层次模块、放置总线。

3.1.5 仪器工具栏

该工具栏含有 20 种用来对电路工作状态进行测试的仪器仪表，习惯上放置于电路工作区的右边。这里为了方便，将其横向排列，如图 3.1.19 所示。

图 3.1.19 仪器工具栏

仪器工具栏从左到右分别为：万用表、函数发生器、功率表、示波器、四通道示波器、波特图仪、数字频率计、信号发生器、逻辑分析仪、逻辑转换仪、伏安特性分析仪、失真分析仪、频谱分析仪、网络分析仪、Agilent 函数发生器、Agilent 数字万用表、Agilent 示波器、Tektronix 示波器、电流探针、LabVIEW 虚拟仪器和测量探针。

3.1.6 电路设计编辑区

电路设计编辑区(Workspace)相当于一个现实工作中的操作平台，电路图的编辑绘制、仿真分析及波形数据显示等都将在此窗口中进行。

3.1.7　仿真开关

Multisim 10 包括两个开关，用以控制仿真进程，按钮的功能如下：

 按钮：仿真启动停止按钮，拨向左边停止仿真，拨向右边启动仿真。

 按钮：暂停按钮。

3.1.8　状态栏

状态栏用于显示有关当前操作以及鼠标所指条目等参考信息。

3.2　Multisim 10 基本操作

3.2.1　建立新原理图文件

运行 Multisim 10 进入主窗口后，程序会自动生成一个名为 Circuitl 的文件。该工作区与显示相关的许多设置都采用程序默认值，可以对其进行修改。

执行 FilelSave 命令，将弹出文件保存对话框，对该文件以扩展名 ".msm" 命名并保存。

Multisim 10 支持工程文件的操作和管理，在一个新建立的工程文件中可以包含原理图文件、PCB 文件、报告文件等多个文件。

Multisim 10 的默认图纸大小为 A 号图纸，可以通过执行 Options|Preferences 命令在 Workspace 选项卡中重新设置图纸大小。

3.2.2　元器件操作和参数设置

1．元器件操作

元器件的操作有元器件放置、元器件选取、元器件移动、元器件调整、元器件复制、元器件删除等。

1）放置元器件

Multisim10 的元器件数据库有：主元器件库(Master Database)、用户元器件库(User Database)和合作元器件库(Corporate Database)。后两个库由用户或合作人创建，新安装的 Multisim10 中这两个数据库是空的。放置元器件的方法有：

(1) 菜单：Place Component。

(2) 元件工具栏：Place/Component。

(3) 在绘图区右击，利用弹出菜单放置。

(4) 快捷键方式：Ctrl + W。

以晶体管单管共射放大电路放置 +12 V 电源为例，点击元器件工具栏放置电源按钮

(Place Source)，得到如图 3.2.1 所示界面。

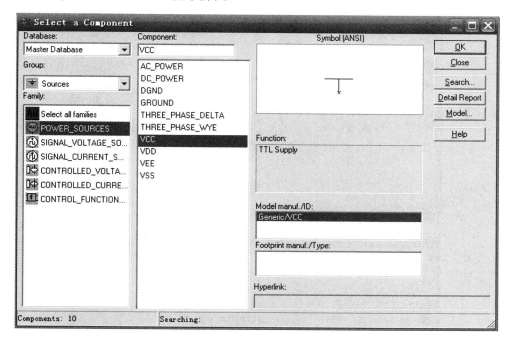

图 3.2.1　放置电源

修改电压值为 12 V，如图 3.2.2 所示。

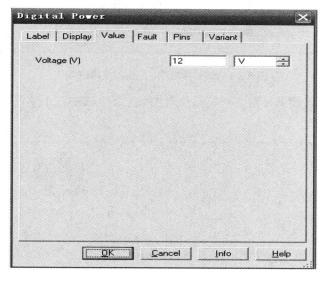

图 3.2.2　修改电压源的电压值

同理可以放置接地端、电阻、电容等元器件。图 3.2.3 给出了放置接地端和电阻的示意图。

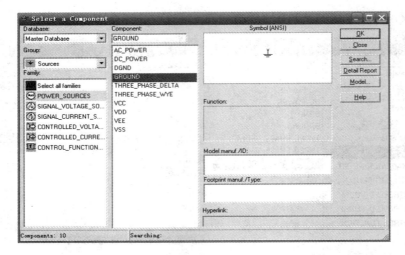

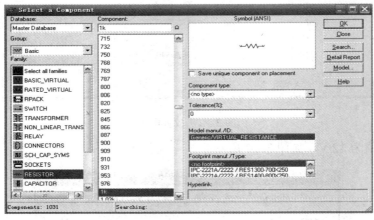

图 3.2.3　放置接地端(左图)和电阻(右图)

图 3.2.4 给出了放置完元器件和仪器仪表的效果图，其中左下角是函数信号发生器，右上角是双通道示波器。

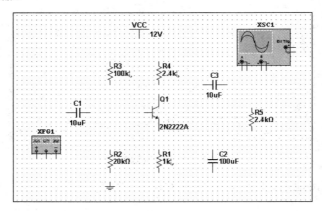

图 3.2.4　放置元器件和仪器仪表

2) 工作区中选择元器件的方法

单击工作区中需要选中的元器件，该元器件周围将出现四个黑点，表示已经选中。选择多个元器件的方法是按住 Shift 键并单击需要的所有元器件。如果要同时选中一组相邻的元器件，可以在电路工作区的适当位置画出一个矩形区域，包围在该矩形区内的一组元器件即被同时选中。

3) 元器件的移动

如果需要移动工作区中某一元器件至指定位置，只要按住鼠标左键拖动该元器件即可。若移动多个元器件，则必须先用前面的方法选中这些元器件，然后用鼠标的左键拖动其中的任意一个元器件，那么所有选中的元器件就会一起移动到指定的位置。如果只想略微移动某一个(或某些)元器件的位置，则可以先选中，然后再使用键盘上的箭头键进行略微的移动。

4) 元器件的调整

为便于电路的合理布局和连线，经常需要对元器件进行调整，这些调整包括顺时针 90° 旋转、逆时针 90° 旋转、垂直反转和水平反转等。调整步骤为：右击该元器件，将弹出如图 3.2.5 所示的菜单。菜单中包括上述四种旋转方式，每种旋转方式后面都对应着相应的快捷键。

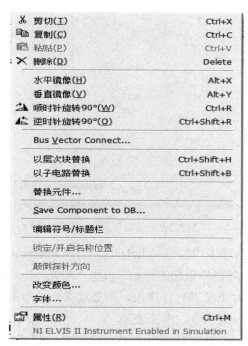

图 3.2.5　元器件调整菜单

5) 元器件复制

元器件复制有以下三种方式：

(1) 菜单方式：在菜单栏中执行 Edit|Copy(编辑/复制)和 Edit|Paste (编辑/粘贴)。

(2) 工具栏图标方式：复制( )、粘贴( )。

(3) 快捷键方式：复制(Ctrl + C)、粘贴(Ctrl + V)。

6) 元器件删除

要删除被选中的元器件，按键盘上 Delete 键或在菜单中执行 Edit|Delete 命令。

2．元器件参数设置

双击电路工作区中的元器件，在弹出的属性对话框中对元器件参数进行修改和设置。元器件属性对话框具有多种选项可供设置，一般包括 Label (标识)、Display (显示)、Value (数值)、Fault (故障)、Pins(引脚)、Variant(变量)和 User Fields(用户定义)等七个选项卡的内容，如图 3.2.6 所示。

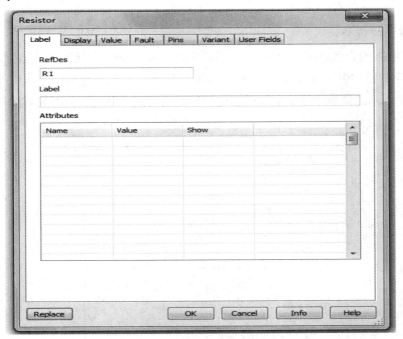

图 3.2.6　元器件属性对话框

(1) Label："Label"选项卡内容包括 Label(标识)和 Reference ID(编号)两项。Label(标识)可以由用户自己赋予电阻容易识别的标记，可输入中文。Reference ID(编号)的默认值一般由软件自动给出，必要时也可以自行修改，但必须保证编号的唯一性。有些元器件没有编号，如连接点、接地点、电压表、电流表等。

(2) Display：Display(显示)选项卡用于设定元器件的显示参数，包括 Label(标识)、Value(元器件值)、Reference ID(编号)、Attributes(属性)等内容。

(3) Value：数值选项卡。当某些元器件有数值大小时，如电阻、电压源、电流源、电感、电容等，可通过在 Value(数值)选项卡中的设置来改变它的大小。

(4) Fault：故障选项卡，可以在电路仿真过程中人为设置故障点，对电路进行故障分析。如可设置元件引脚之间为 Open(开路)、Short(短路)、Leakage (漏电，可在其下面栏中设置漏电的电阻值)状态。默认设置是 None(无故障)。

(5) Pins：引脚选项卡，可对各引脚的编号、类型、电气状态进行设置。

(6) Variant：变量选项卡用于设置元器件是属于北美(NA)还是属于欧洲(EU)市场体系参数。设置完这些变量之后，必须设置哪个组件属于哪个市场体系变量。

(7) User Fields：用户定义选项卡用于设置有关组件的用户特定信息，如供应商、制造商、超链接、价格、供应商编号、制造商编号等。

3.2.3　导线操作和使用

1. 连接导线

Multisim 10 提供自动连线、手工连线两种连接导线的方式。

1) 自动连线

本书以连接 12 V 电源和地之间的导线为例说明自动连线的方法：将鼠标指向 12 V 电源的端点时会出现十字光标，单击鼠标左键，移动十字光标拖出一根导线，将十字光标指向地的连接端点并单击鼠标左键，即完成了 12 V 电源和地之间的导线连接，结果如图 3.2.7(a) 所示。

如果需要控制连线过程中导线的走向，可以在连线需要转弯的地方单击鼠标左键，再移动导线与地连接，得到的结果如图 3.2.7(b)所示。

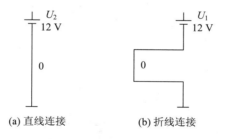

(a) 直线连接　　　　　(b) 折线连接

图 3.2.7　导线的自动连接

2) 手工连线

用手工连线可以精确控制连线的路径。下面以图 3.2.8 所示电路为例说明连接 U_1 与地之间的手工连线步骤。

(1) 在 U_1 与地之间某个位置放入节点，如图 3.2.8(a)所示。

(2) 单击节点往上移动，在连线需要转弯的地方单击一次鼠标再连接到 U_1，如图 3.2.8(b) 所示。

(3) 用同样方法将节点与地连接，这样就完成了手工连线，如图 3.2.8(c)所示。

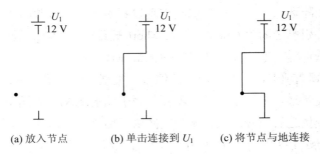

(a) 放入节点　　　(b) 单击连接到 U_1　　　(c) 将节点与地连接

图 3.2.8　导线的手工连接

2．改变导线颜色

Multisim 10 中的连接线默认值为红色。若要改变默认值，可在工作区中单击鼠标左键，选中连线；单击鼠标右键弹出对话框；单击改变颜色菜单，弹出颜色选择对话框，在该对话框中选择需要的颜色。

3．删除导线

选中要删除的导线，按 Delete 键即可删除。

4．调整弯曲导线

如图 3.2.9 所示，元器件位置与导线不在同一条直线上。如要调整，可以选中该元器件，然后用键盘的四个箭头键微调该元器件的位置。这种微调方法可以对一组元器件的位置进行调整，也可以直接用鼠标拖动该元器件调整位置。

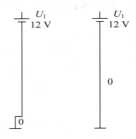

图 3.2.9　弯曲导线的调整

5．导线上插入和删除元器件

在导线上插入元器件如图 3.2.10 所示。只要将元器件直接拖动放置在导线上，然后释放鼠标即可将其插入电路中。若要删除元器件，则只需选中该元器件，按 Delete 键即可。

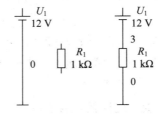

图 3.2.10　导线上插入和删除元器件

3.2.4　节点操作和使用

节点是一个小圆点，类似于导线的接头，是导线的起点或终点，只有在两个节点间才能连线。节点的使用方式有两种：执行 Place|Place Junction 命令，将节点放置到电路工作区中适当位置；用鼠标右击工作区，在弹出的菜单中执行 Place Junction 命令(组合键 Ctrl + J)也可放置节点到指定位置。一个节点有上、下、左、右四个连接点，可以连接来自四个方向的导线。将一条导线延伸到另一条导线时会自动产生连接点，并赋予标识(节点号)。

Multisim 10 自动为每个节点分配了一个编号(节点号)，双击与节点相连接的导线会弹出如图 3.2.11 所示的节点编号对话框，可以在对话框中对节点的编号重新进行设置，也可对节点编号是否显示进行设置。选中节点，右击在弹出的菜单中执行 Delete 命令可删除节点。

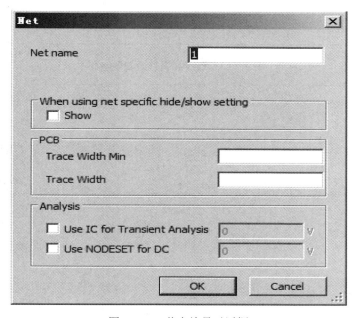

图 3.2.11　节点编号对话框

3.2.5　测试仪器使用

测试仪器图标放置在电路工作区右边的仪器栏中，使用测试仪器的步骤如下：

(1) 从仪器栏中选中需要的测试仪器并单击，拖动仪器图标到电路工作区的合适位置。

(2) 把仪器图标接线端子连接到电路中的测试点。

(3) 双击仪器图标使之放大成展示面板，以便进行实验观察。

(4) 根据测试要求调整仪器上的控制参数。

(5) 开始仿真。

图 3.2.12 是放置仪器和连线调整后的电路图，图 3.2.13 是显示节点编号后的电路图。

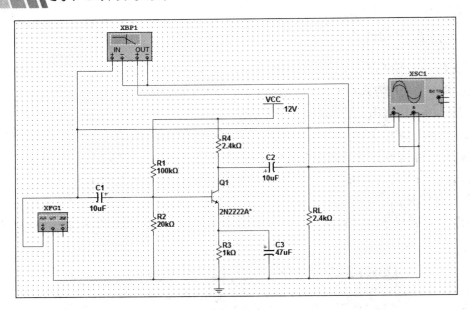

图 3.2.12　连线和调整后的电路图

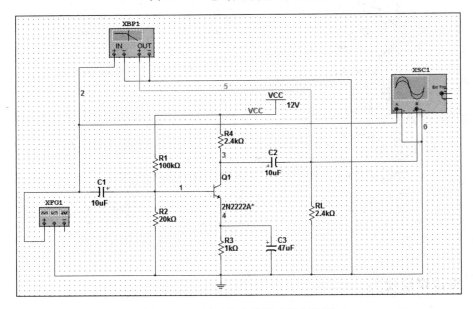

图 3.2.13　显示节点编号后的电路图

3.2.6　仿真电路激活

创建好电路并接上测试仪器后，就可以对电路进行特性测试仿真。激活电路并进行仿真有以下两种方式：

(1) 图标按钮方式：将窗口上的仿真启动开关(☐☐)拨向右边或单击仿真启动图标。

(2) 菜单方式：在菜单中执行 Simulate | Run 命令。

若需暂停仿真电路，则可单击窗口右上角的"暂停"按钮(▐ Ⅱ ▐)，恢复仿真只需再次单击暂停按钮，如需停止仿真则将仿真开关(◻▣◻)拨到左边即可。仿真结果显示在接入电路的测试仪器中。

图 3.2.14 是示波器界面，双击示波器进行仪器设置，可以点击 Reverse 按钮将其背景反色。使用两个测量标尺，显示区给出对应时间及该时间的电压波形幅值；也可以用测量标尺测量信号周期。

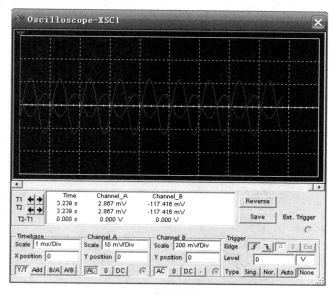

(a) 仪器设置

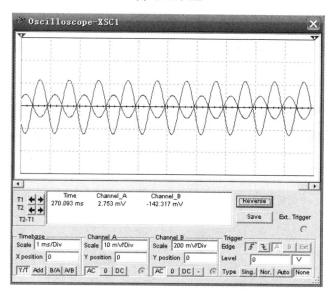

(b) 点击 Reverse 按钮将背景反色

图 3.2.14 示波器界面

使用菜单命令 Simulate/Analyses，以上述单管共射放大电路的静态工作点分析为例，步骤如下：

(1) 点击菜单 Simulate/Analyses/DC Operating Point 并打开。

(2) 选择输出节点 1、4、5，点击 ADD、Simulate 菜单按钮进行仿真分析，如图 3.2.15 所示。

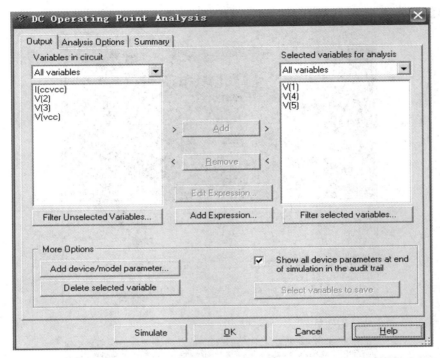

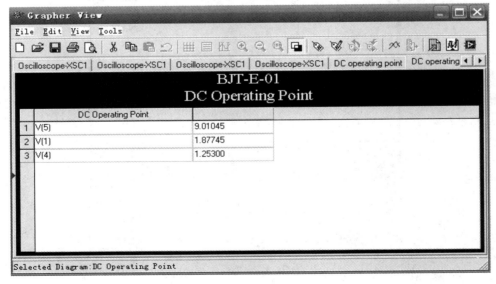

图 3.2.15　静态工作点分析

3.3　Multisim 10 元器件库

在所有电路仿真软件中，都需要一个仿真元器件库存放和管理仿真元器件。仿真元器件库中元器件的数量和模型的精确度对仿真结果有着较大的影响。本节将主要介绍 Multisim 10 中元器件库和元器件的使用、元器件库管理及如何在 Multisim 10 中创建新元器件等。

3.3.1　元件库管理

Multisim 10 的元器件存储在三种不同的数据库中，执行 Tools|Database Management 命令即可看到数据库管理信息。它主要包括 Multisim Master 库、Corporate Library 库和 User 库，这三种数据库的功能分别说明如下：

(1) Multisim Master 库：存放 Multisim 10 提供的所有元器件，不能修改和编辑。

(2) Corporate Library 库：存放企业或个人修改、创建和选择的元器件，主要是方便企业的设计团队共享经常使用的一些特定的元器件。

(3) User 库：存放个人修改、创建和导入的元器件，仅能由使用者个人使用和编辑。该库在刚使用 Multisim 10 时是空的，可以通过外部导入或由用户自己编辑和创建。

如图 3.3.1 所示为元件库管理界面。Multisim Master 库、Corporate Library 库和 User 库中都包含如下元器件库：电源库、基本元器件库、二极管库、晶体管库、运算放大器库、TTL 元器件库、CMOS 元器件库、其他数字元器件库、混合元器件库、显示模块库、其他元器件库、控制部件库、射频元器件库和机电类元器件库，该分类和元器件工具栏中的元器件库图标相对应。

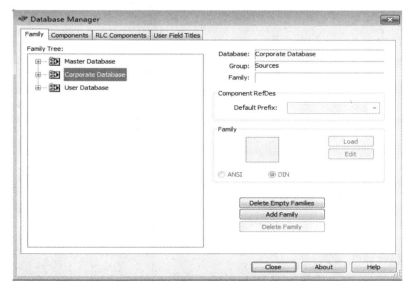

图 3.3.1　元器件数据库管理信息

在 Multisim Master 库下面的每个分类元器件库中还包括多个元器件箱(又称为 Family)，各种仿真元器件放在这些元器件箱中以供调用。在 Multisim Master 库的某些元器件库中包含虚拟元器件箱。该元器件箱用来存放虚拟元器件，但该类元器件没有引脚封装信息，在制作 PCB 时需用有封装的现实元器件替代。

3.3.2　Multisim 10 元器件库简介

1.　电源库

单击元器件工具栏中的信号源及电源图标，弹出元器件选择对话框，其中各项说明如图 3.3.2 所示。

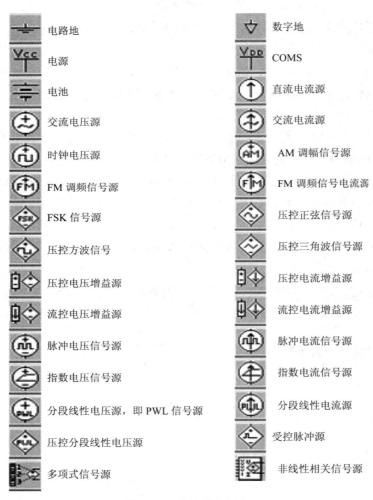

图 3.3.2　信号及电源库

2.　基本元器件库

单击元器件工具栏中的基本元器件库(Basic)图标，弹出基本元器件库元器件选择对话框，其中各项说明如图 3.3.3 所示。

实际电阻	虚拟电阻
实际电容	虚拟电容
电解电容	上拉电阻
实际电感	虚拟电感
实际电位器	虚拟电位器
实际可调电容	虚拟可调电容
实际可调电感	虚拟可调电感
开关	继电器
磁心变压器	铁心变压器
磁心	空心线圈
连接器	IC 插座
半导体电阻	半导体电容
排电阻	特殊标称值电阻
特殊标称值电容	特殊标称值电解电容
特殊标称值电感	

图 3.3.3　基本元器件库

3．二极管库

单击元件工具栏中的二极管库(Diodes)图标，其中各项说明如图 3.3.4 所示。

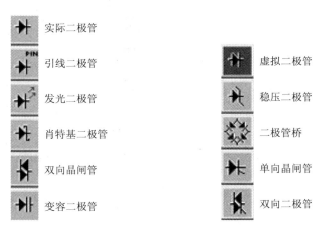

实际二极管	
引线二极管	虚拟二极管
发光二极管	稳压二极管
肖特基二极管	二极管桥
双向晶闸管	单向晶闸管
变容二极管	双向二极管

图 3.3.4　二极管库

4. 晶体管库

单击元件工具栏中的晶体管库(Transistors)图标,其中各项说明如图 3.3.5 所示。

双极性NPN 型晶体管	虚拟 NPN 型晶体管
双极性PNP 型晶体管	虚拟 PNP 型晶体管
虚拟四端 NPN 晶体管	虚拟四端 NPN 型晶体管
达林顿 NPN 晶体管	达林顿 PNP 晶体管
内电阻偏置 NPN 晶体管	内电阻偏置 PNP 晶体管
BJT 晶体管	MES 门控制功率开关
三端 N 沟道耗尽型 MOS 管	虚拟三端 N 沟道耗尽型 MOS 管
三端 P 沟道耗尽型 MOS 管	虚拟三端 P 沟道耗尽型 MOS 管
三端 N 沟道增强型 MOS 管	虚拟三端 N 沟道增强型 MOS 管
三端 P 沟道增强型 MOS 管	虚拟三端 P 沟道增强型 MOS 管
虚拟四端 N 沟道耗尽型 MOS 管	虚拟四端 P 沟道耗尽型 MOS 管
虚拟四端 P 沟道耗尽型 MOS 管	虚拟四端 N 沟道耗尽型 MOS 管
N 沟道耗尽型 JFET	虚拟 N 沟道 JFET
P 沟道耗尽型 JFET	虚拟 P 沟道 JFET
虚拟 N 沟道砷化镓 FET	虚拟 P 沟道砷化镓 FET
N 沟道功率MOSFET	P 沟道功率MOSFET
功率 MOSFET	

图 3.3.5 晶体管库

5. 模拟集成元器件库

模拟集成元器件库(Analog ICs)主要包括运算放大器和比较器两类元器件，其中各项说明如图 3.3.6 所示。

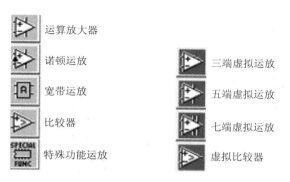

图 3.3.6　模拟集成元器件库

6. TTL 元器件库

TTL 元器件库(TTL)含有 74 系列的 TTL 数字集成逻辑器件。单击元器件工具栏中的 TTL 元器件库图标，取用 74、74S、74LS、74F、74ALS 和 74LS 系列元器件。在对含有 TTL 数字元器件的电路进行仿真时，电路窗口中要有数字电源符号和相应的数字接地端。

7. CMOS 元器件库

CMOS 元器件库(CMOS)含有 74HC 系列和 4××× 系列的 CMOS 数字集成逻辑器件。单击元器件工具栏中的"CMOS 元器件库"图标，可弹出 CMOS 元器件库元器件选择对话框。在对含有 CMOS 数字元器件的电路进行仿真时，必须在电路窗口内放置一个 U_{DD} 电源符号，其数值大小根据 CMOS 要求来确定；同时还要放置一个数字接地符号。

8. 其他数字元器件库

其他数字元器件库包括虚拟 TTL 器件、用 Verilog 语言编程逻辑组件和用 VHDL 语言编程逻辑组件。

9. 混合元器件库

单击元器件工具栏中的混合元器件库(Mixed Chips)图标，弹出混合元器件选择对话框，其中各项说明如图 3.3.7 所示。

图 3.3.7　混合元器件库

10. 显示元器件库

显示元器件库(Indicators)包含可用来显示仿真结果的显示器件，其中各项说明如图 3.3.8 所示。

电压表头	
指示灯(LED)	电流表头
十六进制(七段)显示器	灯泡
蜂鸣器	LED 光柱显示器

图 3.3.8　显示元器件库

11. 其他元器件库 M

单击元器件工具栏中的其他元器件库(Miscellaneous)图标，弹出其他元器件库元器件选择对话框，其中包括石英振荡晶体和虚拟石英振荡晶体、光耦合器和虚拟光耦合器、真空管和虚拟真空管、集成稳压器、电动机和各类斩波变换器等。

12. 控制部件库 f

控制部件库(Controls)共有 12 个常用的控制模块元器件箱。虽然这些控制模块都没有绿色衬底，但仍属于虚拟元器件，即不能改动其模型，只能在其属性对话框中设置相关参数。

13. 射频元器件库

当电路工作于射频状态时，电子电路的工作频率很高，导致元器件模型会发生很多变化。在低频下的模型将不能适用于射频工作状态，据此 Multisim 10 提供了专门适合射频电路的元器件模型，如适用于射频电路的 RP-CAPACITOR(射频电容器)。该模型和低频下电容模型有很大不同，其原理相当于用单位长度的电感、电阻、并联电容、并联电导来描述，实际电容值在 pF 至 nF 间，可以在 20GHz 频率下用作耦合或旁路电容。

14. 机电类元器件库

机电类元器件库(Electro-mechanical)主要由一些电工类元器件组成，除线性变压器外，都以虚拟元器件处理。

15. 外围器件库

外围器件库 Advance Periphearls 包含键盘、LCD 和一个显示终端的模型。

16. MCU 模型库

MCU 模型库包含 8051、PIC16 的少数 MCU 模型和一些 ROM、RAM 等。

3.4 模拟电路常用仿真仪器

Multisim 10 仪器库提供了多种虚拟仪器,如数字万用表(Multimeter)、函数信号发生器(Function Generator)、瓦特表(Wattmeter)、双通道示波器(Oscilloscope)、波特图仪(Bode Plotter)、字信号发生器(Word Generator)、逻辑分析仪(Logic Analyzer)、逻辑转换仪(Logic Converter)、失真分析仪(Distortion Analyzer)、频谱分析仪(Spectrum Analyzer)和网络分析仪(Network Analyzer);此外还包括显示元器件库里常用的电压表和电流表。这些仪器可用于模拟电路、数字电路和高频电路的测试和分析。本节只对模拟电路常用的仿真仪器进行介绍。

使用虚拟仪器时只需在仪器栏单击选用仪器的图标,然后将该仪器拖动到电路工作区即可。再双击该图标即可打开该仪器的控制面板设置其参数,使用较为简便。虚拟仿真仪器的连线过程类似元器件的连接,只需将仪器图标上的连接端(接线柱)与相应电路的连接点相连即可。

3.4.1 数字万用表

数字万用表(Multimeter)是一种可以用来测量交(直)流电压、交(直)流电流、电阻及电路中两点之间的分贝损耗,自动调整量程的数字显示的万用表。

在仪表栏选中数字万用表后,电路工作区将弹出如图 3.4.1 所示的图标。双击仪器图标弹出如图 3.4.2 所示的面板。

XMM1

图 3.4.1 数字万用表图标

图 3.4.2 数字万用表面板

数字万用表面板从上到下包括以下几项内容:

(1) 显示栏:显示测量数值。

(2) 测量类型选取栏:单击 A 按钮表示测量电流,单击 V 按钮表示测量电压,单击Ω按钮表示测量电阻,单击 dB 按钮表示测量结果以分贝形式显示。

(3) 交、直流选取栏:单击 $\sim$ 按钮表示测量交流,单击 $-$ 按钮表示测量直流。

(4) 参数设置:单击该面板上的 Set 按钮,将弹出如图 3.4.3 所示的参数设置对话框。

在此对话框内可以设置数字万用表的电流表内阻、电压表内阻、欧姆表电流及测量范围等参数，一般保持默认即可，设置完成单击 OK 按钮确认。

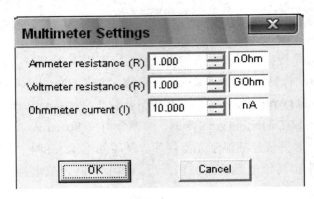

图 3.4.3　数字万用表控制参数设置对话框

3.4.2　电压表和电流表

电压表和电流表都放在显示元器件库中，其图标如图 3.4.4 所示。在使用时数量没有限制，可用于测量交(直)流电压和交(直)流电流，其中电压表并联，电流表串联。单击"旋转"按钮可以改变引出线的方向。

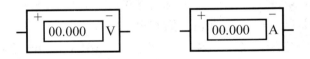

图 3.4.4　电压表和电流表的图标

1. 电压表

双击电压表图标弹出电压表参数对话框，包括 Label(标识)、Display(显示)、Value(数值)页的设置，设置方法与元器件中标签、编号、数值、模型参数的设置方法相同。电压表预置的内阻很高，在 10 MΩ 以上。在低电阻电路中使用极高内阻电压表，仿真时可能会产生错误。

2. 电流表

双击电流表图标弹出电流表参数对话框，包括 Label(标识)、Display(显示)、Value(数值)三个选项卡的设置，设置方法与元器件中标签、编号、数值、模型参数的设置方法相同。电流表预置的内阻很低，为 1 nΩ。

3.4.3　函数信号发生器

函数信号发生器(Function Generator)是模拟电子技术实验最常用的测试信号源，可提供正弦波、三角波、方波三种不同波形信号。函数信号发生器的图标和面板分别如图 3.4.5 和

图 3.4.6 所示。

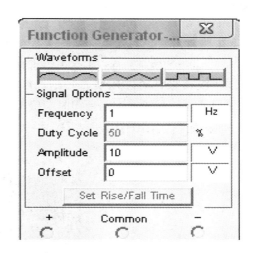

XFG1

图 3.4.5　函数信号发生器图标　　　　图 3.4.6　函数信号发生器面板

Waveforms(输出波形选择)通过最顶上三个按钮依次选择正弦波、三角波和方波。Frequency(工作频率)用于设置输出信号频率，频率设置范围为 0.001 pHz～1000 THz。Duty Cycle(占空比)用于设置输出方波和三角波信号的占空比，占空比调整值为 1%～99%，仅对方波和三角波信号有效。Amplitude(幅度)用于设置输出信号幅值，幅度设置范围为 0.001 pV～1000 TV。Offset(直流偏置)用于设置输出信号的直流偏置电压，设置范围为 −1000 TV～+1000 TV；默认设置为 0，表示输出电压没有叠加直流分量。Set Rise/Fall Time 按钮用于设置方波的上升和下降时间，仅对方波有效。最下一行"+"表示正极性输出端，"−"表示负极性输出端，Common 表示公共端。

3.4.4　瓦特表

瓦特表(Wattmeter)用来测量电路的交(直)流功率和功率因数。瓦特表图标和面板如图 3.4.7 和图 3.4.8 所示。

XWM1

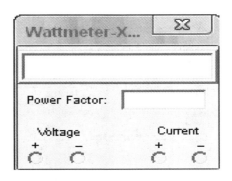

图 3.4.7　瓦特表图标　　　　　　　　图 3.4.8　瓦特表面板

3.4.5　双通道示波器

双通道示波器(Oscilloscope)是用来显示电压信号波形的形状、大小和频率等参数的仪器，其图标如图 3.4.9 所示。A、B 表示两个输入通道；T 为外触发信号输入端，当需要外部信号触发示波器采样时才需要，使用外触发信号时示波器一般需要设置为 Single 或 Normal 触发模式；G 是接地端，使用时需接地，如果电路有其他接地点则也可不接地。双通道示波器面板如图 3.4.10 所示。

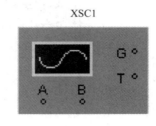

图 3.4.9　双通道示波器图标

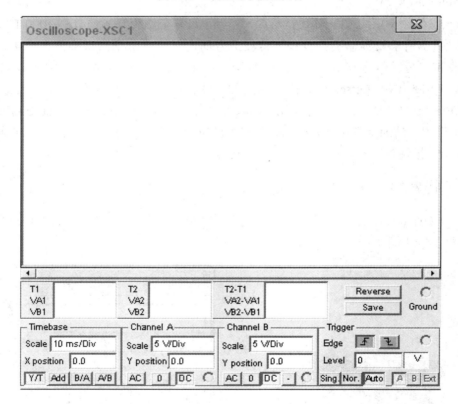

图 3.4.10　双通道示波器面板

面板上各个按钮的作用、调整及参数设置与实际的示波器类似，具体包括设置扫描时基、A/B 通道功能设定、触发参数和其他显示特性参数设置。

3.4.6　波特图仪

波特图仪(Bode Plotter)是一种测量和显示幅频和相频特性曲线的仪表，是交流分析的重要工具。波特图仪的图标和面板分别如图 3.4.11 和图 3.4.12 所示。

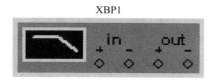

图 3.4.11　波特图仪图标

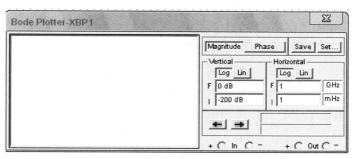

图 3.4.12　波特图仪面板

波特图仪有 IN 和 OUT 两对端口，＋ 和 － 分别接电路输入/输出端的正端和负端。使用波特图仪时，必须在电路的输入端接入 AC(交流)信号源。

3.4.7　失真分析仪

失真分析仪(Distortion Analyzer)是一种用来测量电路总谐波失真和信噪比的仪器。Multisim 2001 提供的失真分析仪图标和面板如图 3.4.13 和图 3.4.14 所示，其中只有一个端子连接电路测试点，分析的频率范围为 20 Hz～20 kHz。面板包括测量数据显示区域、参数设置区域、控制模式区域以及启动和停止区域等。

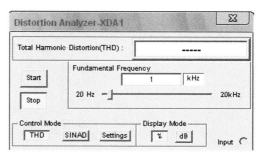

图 3.4.13　失真分析仪图标　　　　　　　　　　图 3.3.14　失真分析仪面板

参 考 文 献

[1]　元增民. 模拟电子技术[M]. 北京：清华大学出版社，2013.

[2]　韦建英，陈振云. 数字电子技术[M]. 武汉：华中科技大学出版社，2013.

[3]　于宝明，金明. 电子测量技术[M]. 北京：高等教育出版社，2012.

[4]　陈强. 电子产品设计与制作[M]. 北京：电子工业出版社，2015.

[5]　付少波，何惠英. 详解经典电子电路 200 例[M]. 北京：化学工业出版社，2016.

[6]　张庆双. 经典实用电路大全[M]. 北京：机械工业出版社，2008.

[7]　葛剑青. 电工经典电路 300 例[M]. 北京：电子工业出版社，2011.

[8]　何国栋. Multisim 基础与应用[M]. 北京：水利水电出版社，2014.

[9]　程勇. 实例讲解 Multisim10 电路仿真[M]. 北京：人民邮电出版社，2010.

[10]　王连英. 基于 Multisim10 的电子仿真实验与设计[M]. 北京：北京邮电大学出版社，2009.

[11]　李宁. 模拟电路[M]. 北京：清华大学出版社，2011.

[12]　从宏寿，李绍铭. 电子设计自动化：Multisim 在电子电路与单片机中的应用[M]. 北京：清华大学出版社，2008.

[13]　殷庆纵. 电子产品辅助设计与开发[M]. 北京：电子工业出版社，2014.

[14]　蔡建军. 智能电子产品设计与制作[M]. 大连：大连理工大学出版社，2015.

[15]　覃智广. 电子产品制作项目教程[M]. 北京：机械工业出版社，2017.

[16]　徐中贵. 电子产品生产工艺与管理[M]. 北京：北京大学出版社，2015.

[17]　兰吉昌. 数字集成电路应用 260 例[M]. 北京：化学工业出版社，2009.

[18]　陈有卿. 通用集成电路应用与实例分析[M]. 北京：中国电力出版社，2007.